JN090916

設計技術シリーズ

Technology of ultrasonic vibration assisted machining

超音波振動加工技術

［著］

長岡技術科学大学　**磯部 浩已**

一関工業高等専門学校　**原　圭祐**

～装置設計の基礎から応用～

Basic of device design and application

科学情報出版株式会社

はしがき

著者が超音波加工装置を初めて設計したのは2002年頃でした。当時は、ジルコニアセラミックス製の光ファイバフェルールの内面リーマ加工において、ダイヤモンド電着砥石の摩耗低減、加工速度と精度の向上が要求されていました。それ以前には、圧電素子を使った位置決め機構や、超音波振動を使った非接触超音波モータの研究開発に従事していたので、超音波加工装置の設計も比較的容易にできると安請け合いした覚えがあります。しかし、実際には、難削材の機械的除去加工において潜在する様々な要因を、超音波振動を重畳するだけで解決することはできませんでした。つまり、超音波振動加工は、どのような困難な加工をも容易にする万能薬ではないことを痛感しました。加工原理を熟知し、理解した知識をもった上で、要求を満たす超音波加工装置を設計・製作する技術を習得しなければいけません。

本書では、超音波振動加工によって期待できる様々な加工特性の向上・改善事例を3〜5章・・・3章では非回転工具の超音波振動、4章では回転工具の超音波振動、5章では加工液への超音波振動重畳による事例を紹介します。また、超音波振動の効果を引き出すためには、加工原理を知り、加工状態を把握しなければなりません。そこで、6章では、著者らが開発した被削材内部応力の撮影技術と撮影事例について紹介します。そして、本書で最も重要な超音波加工装置の設計方法について2章にて詳述します。

著者の研究経歴としては、まずはメカトロや機構設計から始まり、アクチュエータとしての圧電素子の利用経験を活かして、超音波加工装置の設計を行っています。一方、読者の大半は、加工業種に従事し、現実問題として難加工に直面されている方々だと思われます。共振現象を使った装置設計・製作を行うには、機械的、電気的共振の理論が不可欠です。本書においては、最低限必要な知識を第2章と第6章に記述いたしましたので、熟読していただけると幸いです。

　本書の執筆にあたり，超音波加工の神髄を基礎からご指導いただき，装置開発から加工事例，装置構造などの資料をご提供いただいた(株)岳将へ感謝の意を表します．また，本多電子（株），日本省力機械（株），（株）industria より，超音波加工装置の実用化事例への資料提供にご協力をいただきました．この場を借りて御礼申し上げます．最後に，貴重な実験を積極的に実施してくれた研究室のOB，OGや校正に協力してくれた現役学生に感謝します．

2017 年 7 月 4 日

長岡技術科学大学　磯部 浩巳

一関工業高等専門学校　原 圭祐

目　　次

はしがき

１．超音波振動加工概要

２．超音波振動の原理と装置設計

３．非回転工具による除去加工

4．回転工具による機械的除去加工

5．研削液への超音波振動エネルギ重畳

6. 超音波加工現象の究明

(((1.)))

超音波振動加工概要

1.1　超音波振動の機械的除去加工への応用

　機械的除去加工は，被削材と工具との相対関係によって，両者が干渉する部分が除去される．すなわち，両者の運動精度が被削材に転写されるために，「母性原理」と呼ばれる．工作機械の多くは母性原理に従って加工を行う．すなわち，図1.1 (a) のように，被削材に対して，非常に切れ味の鋭い工具を押しつけて一定の切り込みを与え，完全な直線送り運動を行わせれば，切削された面は理想的な平面（平面度0μm，表面粗さ0μm）になる．たとえば，旋盤は母性原理に基づいて構成された基本的な工作機械の一つであり，回転する被削材に対して，刃物台に固定されたバイトを適切な切り込み深さを与えながら送り運動させることで，主に円柱状の部品を加工できる．すなわち，工作機械に固定された被削材と工具の相対運動の軌跡が，被加工面に転写される．つまり，主

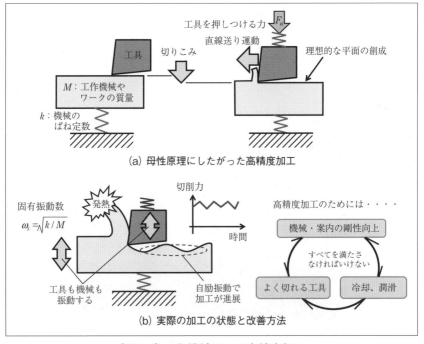

〔図 1.1〕工作機械による高精度加工

軸や刃物台の運動精度，機械剛性，制振性の向上が，加工精度に直結することを意味するため，これらの改良が日進月歩で進められてきた．しかし，産業界が機械加工に要求するものは，加工精度のみならず，各種難削材（耐熱合金，高硬度材，硬脆材など）に対する高能率（単位時間あたりの除去体積が大きいこと）加工や安い加工コストや工具摩耗の抑制などと多岐にわたっており，工作機械の性能向上をはるかに上回って高くなっている．このような問題の解決法の一つとして，超音波切削加工が提案されている．

　一般的な超音波切削加工は，1950 年代に開発された技術である．工具を超音波振動させるもので，図 1.2 のように超音波切削装置を旋盤の刃物台に取り付ける構成の装置や回転工具や砥石を超音波振動させるスピンドルなどが市販化されている．このようなアプローチは，従来の工作機械の高剛性化，制振化とは大きく異なるものである．超音波振動の振幅は数 μm ～ 数十 μm 程度であるが，その振動周波数が超音波帯域なので，切れ刃と未切削領域は衝突と離脱を繰り返す断続切削状態となる．このとき，時間平均的な切削力（超音波周波数帯域よりも十分に低

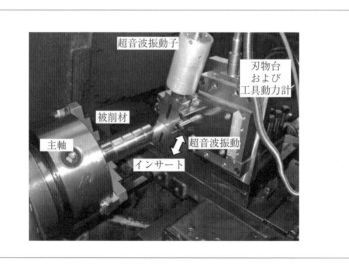

〔図 1.2〕旋盤における超音波切削装置の使用例

周波数・・・数十～数百 Hz の機械振動と同程度の周波数の切削力のこと）
や切れ刃温度が低減し，工具摩耗も低減することが実験的に確認されて
いる．これが，超音波加工が難削材の加工に適用される理由である．

1.2 機械加工への応用

　本節では，産業界において実用化され，高い評価が得られている超音波加工機について，その特長や効果について紹介する．

1.2.1 切削・切断加工への応用例

　切削加工においては，工具を超音波振動させることで，工具の切れ刃部分と被削材間との間に超音波帯域での相対運動が生じる．カッターやスクレーパなどの非回転工具では，ホーン（超音波振動子と工具の間に組み込まれる部品であり，振動を効率よく伝えたり，振動モードを変換したり，振幅を増幅させたりする）に固定された切れ刃の一部もしくは全部が超音波帯域で微小振動する．一方，ドリル，エンドミルなどの回転工具においては，スピンドルタイプの超音波加工機となる．一般的に超音波振動切削の加工対象は，慣用的な手法では加工が困難な難削材である．たとえば，工業的にはニッケル基合金やチタン合金に代表される耐熱合金，CFRP やガラスエポキシ基板に代表される複合材が挙げられるが，ケーキや果実などの食品類も商品価値を高めるために良好な切断面が要求される難削材の一つである．

　超音波振動ホーンにカッター刃を取り付けて超音波振動させる超音波カッター（図1.3）が市販されており，DIY やホビー用に利用することができる．著者も日常的に利用しているが，ポリカーボネート，塩化ビニールなどの樹脂やゴムの加工，接着材の剥離など，通常のハンドツールでは困難な作業を非常に効率的に実施できる．カッター刃の振動周波数は 40kHz，最大出力 30W で，主に刃の長手方向に振動している．ホビー用として廉価に市販化されているため，高価な周波数追尾型の高出力発振電源は使われていない．しかし，ワークに応じて超音波による振動の強さを自動で切り替える回路を搭載し，過負荷状態になったときには超音波発振が停止する．切りにくい素材の場合，切り進める途中で超音波発信が停止することがあるが，ハンドツールであるので，作業者の感覚的に加工抵抗を減らす（押しつけたり，引っ張ったりする力を緩める）ことで，連続的に超音波発振を維持できるものと考えられる．また，切りにくい素材にも対応できるように，一時的に出力を大きくできるモー

ども有している．さらに，素子の過熱による故障を防ぐために，自動停止する機能があり，安全面での考慮もなされている．

CFRP（カーボン繊維強化樹脂）は，航空機の軽量化のためには不可欠な素材であり，近年では主要構造体のCFRP化が加速して，重量割合として50％を超える部材に適用されている．その一方，軽量化の目的としては，自動車関係にも利用範囲が拡大している．カーボンのような硬脆材料の加工には，ダイヤモンドやCBNといった高硬度の超砥粒を使った研削加工が用いられる．砥粒による加工のため，すくい角は大きく負になり，さらに切り取り厚さを小さくすることで，引張り応力に対して極端に脆いカーボンの加工を実現できる．しかし，カーボンを加工する場合，工具の損耗，摩耗は非常に激しい．一方，樹脂材料は，一般的に弾性率や融点（ガラス転移温度）が低く，凝着性も高いため，正に大きなすくい角の工具を用いて，低速送りでの切削が良好な結果となることが多い．つまり，被切削特性が両極端に異なっているCFRPのカーボ

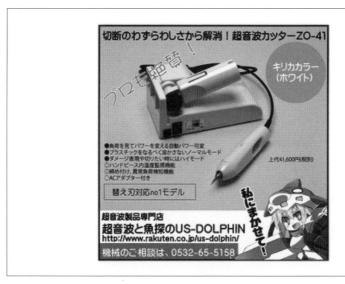

〔図1.3〕市販超音波カッター
エコーテック（株）WEBサイト　http://item.rakuten.co.jp/us-dolphin/zo41/ より

ン繊維と樹脂を，同時に良好に切断することは非常に困難である．

　熱硬化性CFRPはエポキシ樹脂が用いられるのに対して，熱可塑性CFRPはポリアミドやポリプロピレンなどが用いられ，射出成形やプレス成形が可能であり，自動車業界での普及が進んでいる．これらの大型かつ薄肉の成型ラインにおいては，オーバーフロー部分を設けることで，樹脂供給圧力や金型の締め付け圧力を半分以下まで低減させることができる．これは，成型に要するエネルギが削減されるだけでなく，成型性が向上するためにCFRPの射出成型では有効な技術である．その一方で，熱可塑性CFRPの車載部品への適用のためには，バリ取りや穴加工などの二次加工技術の確立が必要である．そこで，産業用ロボットと超音波カッターを組み合わせた技術が開発されている．ロボットの空間中での位置決め精度および再現性は，樹脂成型品の製品精度に対してある程度十分であるので，静的な加工で十分なティーチングでカッターパスが生成されれば，相応の精度を有する製品が加工できる．しかし，実際には生産性を上げるためには射出成型直後の高温状態から十分に放熱するまで待つことは許されず，温度が低下しながら大きく熱変形する過渡状態で二次加工が行われる．また，三自由度曲面の成型品に生じるバリの位置や形状を，事前に予測してティーチングするのは困難である．1.1 節でも説明したように，一般的な工作機械において，工具を強固に把持し，

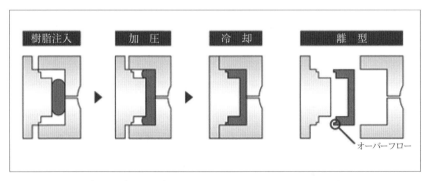

〔図 1.4〕射出成型におけるオーバーフローの発生
参照　日本省力機械(株)WEB サイト　http://www.n-s-k.co.jp/

高い運動精度によって工作物を加工することで，工作機械の精度を被削材に転写させる発想は「母性原理」と呼ばれる．これとは逆の発想で，エンドエフェクタにカッターを柔軟に把持させ，製品外形に対してカッターを「ならわせる」ことで，製品に対する相対的なカッター運動でバリ取りを可能にするものである．

バリ取りにおけるカッターの運動精度の問題は「ならい運動」で解決される一方で，ならい運動では，切断抵抗は可能な限り低くかつ一定としなければ，製品側へカッターが過剰に食い込んだり，食い込み不足によってバリが完全に除去できない問題が生じる．また，難削材であるCFRPの切削加工に関しては，工具摩耗速度も速くなる．そこで，カッターを超音波振動させることで，切断抵抗力を極限まで低減させることで，生産性や加工精度の向上，工具寿命の延長を可能にしている．

1.2.2 研削加工への応用例

研削加工は，様々な砥粒，結合材を選定でき，成型や電着で作られる砥石形状も比較的任意である．そのため，最終仕上げ加工として高い精度や表面粗さを要求されるだけではなく，切削では不可能な高硬度材を高能率に機械的除去加工し，高精度に成形するために不可欠な加工技術であるが，以下のような問題を潜在的に有している．

・高硬度材に対応するために超砥粒（ダイヤモンド, CBN）を用いると，砥石が高価になる．その一方で，目づまり，目つぶれしやすいために，頻繁にドレッシングを行うことから，砥石の消耗が著しく激しい．

・研削加工で要求されるのは，鏡面に近いような表面性状である．しかし，脱落した砥粒が引き起こす被研削面へのスクラッチは，歩留まりを悪化させる．

・送り速度を遅く，切り込み量を小さくするために，生産性を犠牲にしている．これは加工費に直結することになる．

研削加工に対する一般的な要求は，目づまりを抑制すること，研削抵抗を下げることや，研削熱の発生を抑えること，および効率的に研削熱を除去する必要がある．超音波研削加工とは，砥石を超音波振動させることで，より良好な研削状態を発現させるものである．

1．3　加工装置の開発事例

　実用化されている超音波研削加工用のスピンドルおよび加工機の一例について，図1.5に示す．多軸位置決め機構やフライスのコラムに直接取り付けるスピンドルタイプ（図1.5（a）），マシニングセンタのスピンドルに手動にて取り付け／取り外しできるアーバータイプ（同図（b）），専用のアーバータイプを有してATCにも対応する微細加工専用機としての超音波加工機（同図（c））など，エンドユーザーの様々な要求に対応している．超音波加工が適用される加工対象は，一般的な方法では加工が困難もしくは不可能な素材，形状的に剛性が非常に小さい部品や高い加工精度が要求される部品などである．超音波スピンドルの基本構造を図1.6に示す．高精度に回転運動するローターに超音波共振体を組込み，その先端部に取り付けられた専用超音波加工工具から構成されている．このような共振現象を利用した構造によって，加工工具の刃先部分に超音波振動のエネルギを集束させる加工方法を実現している．その結果，高硬度・硬脆材（ガラスやセラミックスなど）を実用的なレベルで微細加工することに成功している．超音波スピンドルとその超音波加工専用のツーリングシステムには，超音波周波数帯域で繰り返し大きな内

〔図1.5〕（a）コラム取り付け型
参照：（株）岳将 web サイト　http://www.takesho.co.jp/product

〔図 1.5〕（b）アーバー取り付け型　　　（c）ATC 対応型超音波加工装置

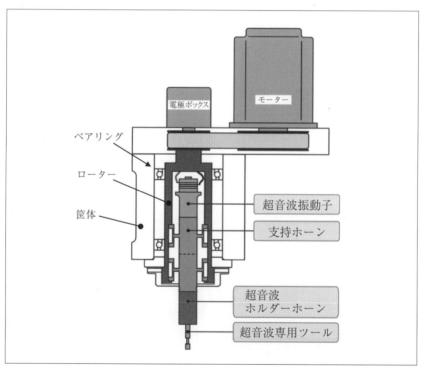

〔図 1.6〕超音波スピンドルの内部構造図

部応力が作用し，さらに加工抵抗などの外力も作用している．このような過酷な条件下においても，発熱や変形を招くことなく，工作機械として充分な寿命やメンテナンスコストを実現している超音波加工システムは，超音波技術者の長い観測と経験値から確立されたものである．

　超音波振動加工の特性を十分に引き出せる工作機械の実用化によって，図1.7に示すような，厚さ10mmのシリコンに対して，直径 $\varphi 1.0$ の貫通穴をわずか4分で加工できると同時に，工具1本で約100穴もの工具寿命を実現している．

　また，難削材の一つとして超硬合金が挙げられる．金型を超硬合金で製作する場合には，一般的には粗加工は放電加工で行われる．放電加工は，電極間での放電に起因する非接触除去加工であり，被削材の硬度を選ばないために，超硬合金を効率的に加工できる．しかし，被加工面には熱的な加工による加工変質層が発生するため，これを手仕上げ等で除去しなければならない．手仕上げは，職人技によって良好な表面粗さが得られる一方で，機械加工で得られた高い幾何精度を低下させる欠点がある．そこで，加工変質層が少ない機械的除去加工による超硬合金の加工技術開発が要求されている．その一手法がダイヤモンド電着砥石を超音波振動させながら形彫り研削加工を行う超音波援用研削加工である．加工結果を図1.8に示す．超音波振動による高い衝撃力により，超硬合

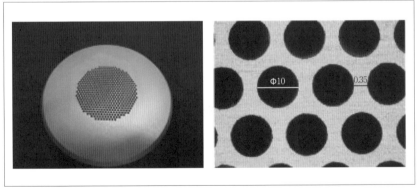

〔図1.7〕シリコンに対する加工事例

金を効率よく除去できるとともに，研削抵抗の低減によってカケの少ない加工を実現している．

　小径で高いアスペクト比での加工を実現する超音波スピンドルが市販化されている [1]．駆動周波数 40kHz にて，主軸端で片振幅 2μm 程度を実現している．装置の構造を図 1.9 に，スピンドルの仕様例を表 1.1 に示す．主軸に圧電セラミックスを内蔵することで，スピンドルが小型（最大径 65mm，長さ 300mm，重量約 1.8kg）でありながら，硬脆材加工に適用する剛性を実現している．工具は，焼きばめチャックを介してスピンドルに取り付けられるので，高い再現性と容易なツーリングを実現している．そして，超音波スピンドルをデスクトップサイズの三軸位置決めステージに搭載して，さまざまな加工テストを実施している．

　アスペクト比の大きな工具は，金型の加工においては不可欠であるが，その曲げ剛性は著しく低いものになる．工具を丸棒と考えれば，曲げ剛性は直径の三乗に比例することになる．すなわち，このような工具では，加工抵抗を可能な限り小さくしなければ，工具が変形してしまうために，工具の運動や形状が被削材に転写，すなわち母性原理を実現できないことになる．

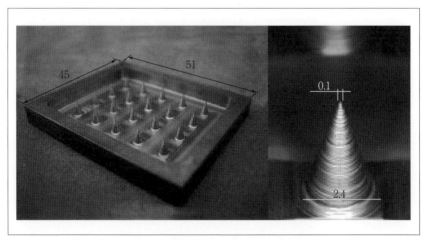

〔図 1.8〕超硬合金に対する加工事例

　図1.10は，工具直径0.5mmのダイヤモンド電着砥粒（粒度#325）で，超硬合金K10へ溝加工を実施した結果である．特筆すべきは，工具の

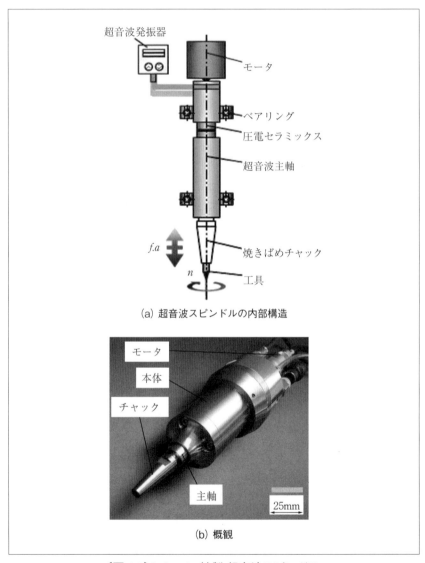

（a）超音波スピンドルの内部構造

（b）概観

〔図1.9〕industria 社製 超音波スピンドル

アスペクト比（直径に対する長さの比）が12もある小径かつ刃長の長い工具でありながら，超音波振動を援用することで，カッターパスにしたがった彫り込みを実現している点である．これは，すなわち母性原理に従った加工であることを意味している．

　図1.11，図1.12はそれぞれ超硬合金およびサファイアに対して，形状創成加工を実施した結果である．どちらの素材も，高硬度材であり，工具損耗が激しいことが問題になるが，わずか1本の工具で削り出しを行っており，超音波振動の有利性が明かな加工事例である．

〔表1.1〕スピンドル仕様

振動方向	縦振動（工具軸方向）
超音波周波数 f	約40kHz
振幅 a	約0-2μm
回転速度 n	1,000-20,000min^{-1}
駆動電源	AC100V 50/60Hz

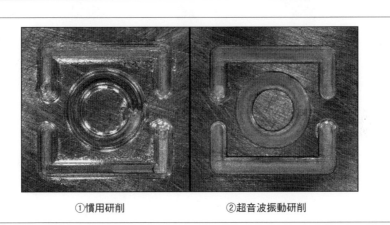

①慣用研削　　　②超音波振動研削

〔図1.10〕超硬合金 K10 に対する溝加工結果
（工具径 / アスペクト比 / 粒度 :0.5mm/12/#325, K10 相当 n:20,000min^{-1}, dz:5μm, F : 10mm/min, f:41.0kHz）

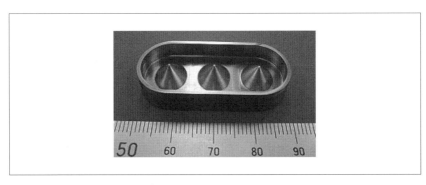

〔図 1.11〕超硬合金金型の形状加工品外観
（工具径 / アスペクト比 / 粒度 :2mm/6/#100, 超硬合金 V40）

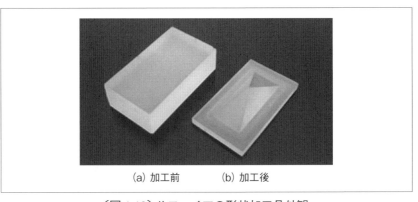

(a) 加工前　　　　(b) 加工後

〔図 1.12〕サファイアの形状加工品外観
（工具径 / アスペクト比 / 粒度 :2mm/6/#100, n: 20,000min, dz: 10μm,
F: 100mm/min, f: 41.0kHz）

参考文献

1) 金井秀生：超音波スピンドルの開発および高脆性材料の研削加工，
   2017 年度精密工学会春季大会学術講演会，pp.1-2.

(((2.)))

超音波振動の原理と装置設計

自然界の中ではコウモリが暗闇で飛翔する昆虫を捕食するのは超音波ソナーの原理であったり，複数のイルカが超音波で会話をしながら餌となる小魚を囲い込んで捕食しているのはよく知られている．しかし，人間は超音波を聞くことができないので，その現象を直感的には理解できない．したがって，超音波振動する加工装置の設計には，振動現象の理論を十分に理解する必要がある．また，具体的な設計手法を例示するとともに，超音波振動の測定方法についても紹介する．

2.1　超音波振動とは

　まずは，超音波振動の定義について考える．「超音波（周波数）」は，機械振動・衝撃用語（JIS B0153-2001）で，可聴周波数より高い周波数（ultrasonic frequency）と定義されている．また，備考として「超音波振動を利用した装置を示すために使われることがある」とされており，接頭語としての意味を持つ．また，工作機械－部品および工作方法－用語（JIS B0106-1996）においては，超音波加工の用語説明として，「超音波振動する工具とと粒とを使用して工作物を加工する方法」と定義されている（注1：「砥粒」を「と粒」と表記する原文のまま，注2：「超音波」といえば，「振動」であることは自明であり，日常的にも理解できるので「振動」は省略される場合が多い）．図2.1に，身の回りでの音を発生させる運動，およびそれらの音の周波数帯域を示す．童話にある「大きなのっぽの古い」振り子時計は，振り子が1秒間に1往復している．この「チクタク」音は聞こえると同時に，振り子運動を目で見ることもできる．また，釣り鐘を叩くと，ある一定周波数の音を発生させる．これは，釣り鐘の弾性変形による共振音である．弾性変形は，手で触ると「びりびり」とした変位を感じることができるが，目で変形を確認することは困難となる．このような可聴音は，人間が聞こえる20Hzから20kHzの周波数帯域の音波であるが，これは年齢や環境によって大きく変わる定性的な指標である．最近では，スマートフォンで任意の周波数の音を発生できる無料アプリケーションがあるので，簡単に可聴音の周波数を確かめる，すなわち，聴力の状態を確かめることができる．一般的には，加

齢とともに可聴周波数は下がっていくので，是非ともセルフチェックを試していただきたい．閑話休題，電子技術基本用語（JIS C5006-2006）においては，超音波の定義として「通常は 20kHz 以上の音波」として，具体的な値が定義されており，本書においても「周波数が 20kHz 以上の振動」を超音波振動としている．

〔図 2.1〕振動の周波数と物体の運動の関係
（本多電子 web サイト　https://www.honda-el.co.jp/ceramics/Piezoceramics.html より引用）

２.２　超音波切削加工の原理

　超音波切削加工は，一般には超音波振動する切削工具と，その工具に一定速度でアプローチしてくる被削材があり，両者が干渉した部分が切りくずとして創成される．他には，被削材が超音波振動する場合や，回転工具に超音波振動が重畳する場合などは，両者の相対運動が三次元的に複雑になる．ここでは，切削現象を説明するのに基本的な二次元切削において，超音波振動する切れ刃の運動 $x_c = a_0 \sin 2\pi ft$ と切れ刃にアプローチしてくる被削材の運動（一般的には，一定の送り速度 F）の相対運動として，図2.2のように説明できる．ここで，a_0：超音波の振幅，f：超音波振動の周波数および t：時間とする．実線は切りくずが切れ刃と被削材が接触して切りくずを創成している期間を示している．また，ワーク送り速度が切れ刃の瞬間最大速度 $2\pi a_0 f$ と等しい場合と，瞬間最大速度の 1/5 とした場合を図示した．被削材の送り速度に比べて切れ刃が逃げる速度が大きければ，切れ刃のすくい面は未切削部や切りくずから離れる断続切削となる．断続切削において，切れ刃のすくい面が被削材の未切削部から離れる時刻を t_1 とする．実線の後に続く破線部では，

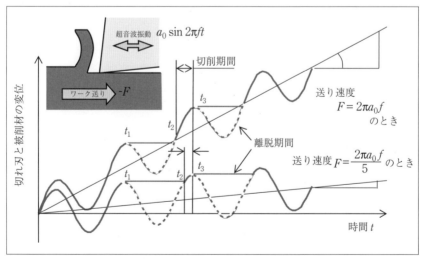

〔図2.2〕超音波振動切削における断続切削現象

切れ刃と未切削部は離れ，切れ刃は最後退位置から反転する．切れ刃が未切削部に接触する時刻を t_2 とする．そして，再び時刻 t_3 で両者が離れる．このとき，それぞれの時刻は

$$
\begin{cases}
Ft_2 - a_0 \cos(2\pi f t_2) = F(t_1 - 1/f) - a_0 \cos\left(2\pi f (t_1 - 1/f)\right) \\
t_3 = \dfrac{\sin^{-1}\left(\dfrac{F}{2\pi f a_0}\right)}{2\pi f}
\end{cases} \qquad \cdots \quad (2.1)
$$

を用いて，数値計算にて算出できる[1]．送り速度が早くなると t_2 は減少していく．そして，$t_1 = t_2$ になると，切れ刃と未切削部が離れる期間が消失し，連続切削状態となる．このときの送り速度は一般に臨界送り速度と呼ばれ，超音波振動の効果の判断基準となる．なお，この相対運動に基づく説明は，切れ刃や被削材の運動が，切削抵抗等による影響を受けずに一定であり，弾性変形などがないことが前提となる．

　図2.3は，超音波振動切削下において，超音波振動によって切削特性が改善される効果が以下のように挙げられている[2]．
・断続切削時の周期的な空隙への切削液や空気などの流入
・振動による摩擦抵抗の減少
・ブラハ効果と呼ばれる転位の動きやすさの向上

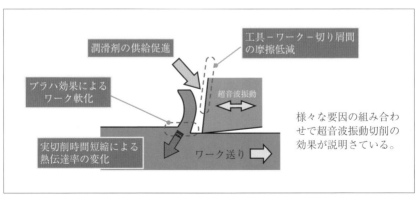

〔図2.3〕振動切削加工時に考えられる様々な現象

・被削材－工具－切りくず間での熱伝達率の変化

これらの効果は，いずれも切削抵抗や切削熱を低下させることで，工具寿命が延びるだけでなく，結果的に高精度な加工につながる．また，研削加工においては，研削方向（回転方向）と直交方向に振動する砥粒が描く軌跡は，回転運動のみによる慣用加工に比べると長くなることから，単位時間あたりの除去体積が同じならば超音波加工における砥粒への負荷は相対的に少なくなることが説明[3]されている．また，被削材から見れば砥粒は蛇行する軌跡を描くため，それらが相互に重なり合えば表面粗さは改善する．また，超音波振動の振幅は小さいが，高い周波数によって，瞬間的な加速度は非常に大きくなる．前述と同様に，切れ刃の振動の変位を正弦波とすれば，瞬間最大加速度はf: 振動周波数 [Hz]，a_0: 振幅[m]とすれば$\alpha_{max}=(2\pi f)^2 a_0$となり，振動周波数の二乗に比例する．たとえば，周波数40kHz，振幅10μmにおける瞬間最大速度は，6.3×10^5m/sとなる．この結果，静的には高い弾性率を持つが，衝撃力には脆い高硬度脆性材を微小に破壊しながら加工を進展させることで，被削材を効率的に除去する効果があると考えられる．

２．３　超音波振動装置設計の基本原理

振動現象について考えてみる．

①振り子の振動

振り子の運動（図2.4）は，質点・剛体の運動学の基本として，よく知られている物理現象であろう．長さ l のひもの先に取り付けたおもりの振り子運動の周波数 f_n は，重力加速度を g とすれば

$$\frac{d^2\phi}{dt^2} = -\frac{g}{l}\phi$$

$$\therefore f = \frac{1}{2\pi}\sqrt{\frac{g}{l}}$$

$$\cdots\cdots\cdots\cdots\cdots\cdots\cdots\cdots\cdots\cdots\cdots\cdots\cdots \quad (2.2)$$

で表される．おもりの質量とは無関係に，ひもの長さと重力加速度のみで振り子運動の振動周波数が決まる現象は，振り子の等時性とも呼ばれる．また，この式の導出過程では，空気抵抗やひもの摩擦が無視でき，かつ質点運動であるといった仮定の下に成り立っている．

【計算例1】

◆ 1Hz（1秒間に一回往復）にするための，糸の長さを求めよ．

$$l = g / (2\pi f)^2$$

$$f=1\text{Hz} \Rightarrow l = 0.25\text{m}$$

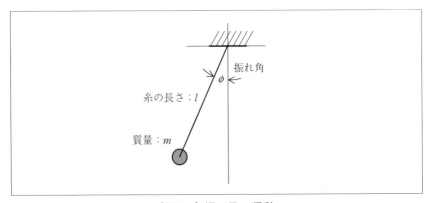

〔図2.4〕振り子の運動

例題からわかるように、剛体運動として考えられる振動の空間的な大きさ（振幅）や時間的な大きさ（周期）は、目視で観察できる程度の大きさであることを意味している。

◆超音波の周波数である 20kHz で共振するときの糸の長さを求めよ。

$$f=20\text{kHz} \Rightarrow l=6.2 \times 10^{-10}\text{m}$$

糸の長さは電子の軌道と同程度となる。すなわち、振り子の運動では、超音波振動は現実的に不可能であることが理解できる。

②質点－ばね系の振動

ばね定数 k の一端が固定され、他端に質量 m のおもりが図 2.5 のように取り付けられている。また、ばね自身の質量は、おもりに比べて十分に小さく無視できるものとする。このとき、おもりの x 方向の自由振動の固有振動数は、

$$m\frac{d^2x}{dt^2} = -kx$$

$$\therefore f = \frac{1}{2\pi}\sqrt{\frac{k}{m}}$$

.... (2.3)

となる。すなわち、ばね定数が高く、質量が小さいほど、固有振動数は高くなることを示す。

【計算例 2】

◆固有振動数を超音波振動帯域（20kHz）以上とするために、ばね定数の高いばねを考える。身近なものに、車両のサスペンションがある。いま、車両のばねとして、ばね定数 10kgf/mm を準備し、質量 m のおもり

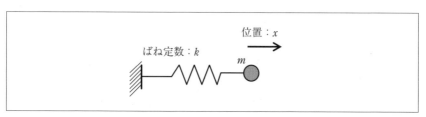

〔図 2.5〕質点－ばね系の振動

を固定する．固有振動数が超音波帯域とするための，おもりの質量 m を求めよ．ただし，ばね自身の質量はないものとする．

$$m = k / (2\pi f)^2$$
$$f = 20\text{kHz}$$
$$m = 10 \times 9.8 / (2 \times 3.14 \times 20 \times 10^3)^2$$
$$= 6.2 \times 10^{-6} \text{ g}$$

すなわち，固有振動数を超音波帯域とするために取り付けることのできるおもりの質量は，目に見えないほどの砂粒程度であることがわかる．しかし，実際には「ばね自身の質量が，おもりに比べて十分に小さい」という仮定が成立しないため，砂粒をばねに固定しても，ばねは超音波周波数帯域で伸び縮みすることはなく，現実的ではないことが明らかである．

　以上の計算例 1，2 から，「質量を有している物体」の全体を超音波振動させること，たとえば金型全体や切削工具全体を一様に超音波振動させることは，物理的に不可能であることを設計者は理解していただきたい．

③たわみ振動

　一端を固定して他端を自由にした定規を弾いたときの片持ちはりにおける運動を考える．このときの変形は曲げたわみと呼ばれるもので，弾性体の力学として知られている．長さ L に比べて直径 d が十分に小さい単純丸棒を考える．断面二次モーメント I，弾性定数 E，密度 ρ の丸棒の一端を固定端，他端を自由端としたとき，n 次モードの共振周波数[4]は，

$$f = \frac{\lambda_n^2}{2\pi L^2} \sqrt{\frac{EI}{\rho\left(\pi d^2 \big/ 4\right)}} \quad \cdots\cdots\cdots\cdots\cdots\cdots\cdots\cdots\cdots\cdots\cdots\cdots \quad (2.4)$$

となる．ここで，波数 λ_n は固有値である．1～3 次の曲げ振動モードの変位形状および固有値は図 2.6 となる．

【計算例3】

　直径 1mm，長さ 7mm の超硬合金製の丸棒の一端を固定し，他端を自由端として曲げたわみ振動させる．超硬合金の密度 $\rho = 14.6\text{g/cm}^3 = 14.6 \times$

10^3kg/m^3，弾性定数 $E=637\times10^9\ \text{N/m}^2$ とするとき，基本周波数（$n=1$, $\lambda=1.875$）の共振周波数を求めよ．

$$f_{\text{m1}} = \frac{1.875^2}{2\pi\left(7\times10^{-3}\right)^2}\sqrt{\dfrac{637\times10^9\times\left(\dfrac{\pi\times\left(1\times10^{-3}\right)^4}{64}\right)}{14.6\times10^3\times\left(\dfrac{\pi\times\left(1\times10^{-3}\right)^2}{4}\right)}} = 18.8\text{kHz}$$

となる．すなわち，超音波帯域である 20kHz に近い振動を得ることができる．一方で，たわみ変形においては基本周波数での変形（1次モード）以外にも，さらに高次となる2次以上での高い周波数での変形（高次モード）が励振されることがある．たとえば，上述の計算例において，二次モードの共振周波数は f_{m2}=118.1kHz となる．すなわち，弾性体は様々な共振周波数において，それぞれ異なる振動モードで励振される．また，

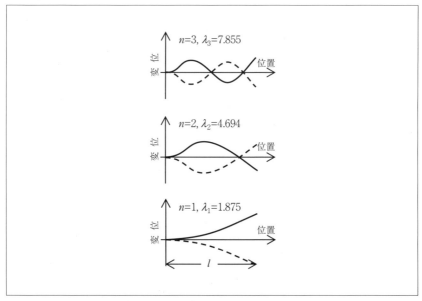

〔図2.6〕曲げたわみの振動モード

図2.7に示すように，振動振幅の大きい位置を「腹」，振動しない部分を
「節」と呼ぶ．装置設計においては，目的とする振動モードとなるよう
に形状を設計できる自由度がある一方で，意図しないモードが励振され
る場合もあり，注意が必要である．

④縦振動モード

　曲げたわみの共振周波数は，可聴周波数帯域であることも多く，音叉
が特定の周波数の音を発生したり，切削加工においては「びびり振動」
として可聴音がでたり，被加工面に周期的な切削目として認識すること
ができる．すなわち，超音波帯域で励振される加工装置を設計するには，
弾性体の曲げ振動モードでは帯域が低い場合がある．ここでは縦振動モ
ードの理論について説明する．縦振動モードは，媒質が振動伝播方向と
同一方向に振動するものである．媒質の軸方向への変位をグラフで図示
化する場合には，横軸に位置を，縦軸に媒質の軸方向振動振幅をとるこ
とが多い（図2.8）．媒質の弾性定数E，密度ρにおいて，弾性体中の縦
波の伝播速度（いわゆる，音速）は，

$$c = \sqrt{\frac{E}{\rho}} \quad \text{..} \quad (2.5)$$

となる．たとえば，空気の音速はc_{air}=330m/sec，水の音速はc_{water}=1400m/sec，
鋼の音速はc_{steel}=5800m/secとなる．そして，全長lが半波長として縦振
動する周波数は，

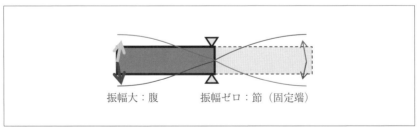

振幅大：腹　　　振幅ゼロ：節（固定端）

〔図2.7〕曲げたわみにおける節と腹

$$f = \frac{c}{2l}$$ .... (2.6)

で算出できる．③曲げたわみ振動における共振周波数は梁の長さ，断面形状と材料定数（密度，弾性定数）の関数であるのに対して，縦振動においては長さと材料定数の関数となる．また，縦振動状態について詳しく観察すると，図中の実線に示すように，棒の両端面がそれぞれ反対方向に変位し，「腹」と呼ばれる．そして，変位方向が入れ替わる場所は変位がゼロとなり，「節」と呼ばれる．簡単に言えば，腹となる部分の一方にインサートなどのカッター工具，他方にボルト締めランジュバン振動子などの超音波振動を励起するアクチュエータを取り付け，節部を旋盤の刃物台などに固定すれば，なんらかの超音波旋盤加工が実現することになる．また，振動系全体の重心位置は変化しないことから，節部を工作機械に固定しても，理論的には工作機械には振動は伝わらないことがわかる．

【計算例4】
　鋼の棒（長さに比べて幅が十分に小さい形状）において，超音波帯域となる周波数 20kHz で共振振動となる棒の長さを求めよ．

$l = 5800 / 2 \times 20 \times 10^{3}$

$= 0.145 \, \text{m}$

145mm という大きさは，機械加工装置類として現実的なスケールであろう．

　また，この振動形態においては，同じ共振周波数を有する振動体を，

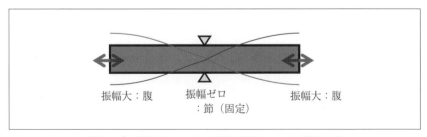

振幅大：腹　　　振幅ゼロ　　　振幅大：腹
　　　　　　　：節（固定）

〔図2.8〕縦振動における振動状態，および節と腹

振動モードに適した位置で連結していくことで，図2.9のようにさまざまな形状の振動体を構築していくことができる．たとえば，連結して節となる支持位置を増やすことで，機械加工に不可欠な剛性を増やすことができる．超音波振動を励起するボルト締めランジュバン振動子も，この現象を利用して振動体へ取り付けられている．異なる振動モードの連結により，たとえば軸方向の縦振動（Longitudinal vibration）を，半径方向への振動（Radial vibration）に変換するL-R変換振動体を構成することができる．これは，スピンドルロータの縦振動を，端部に固定された薄いブレードや研削砥石の半径方向への振動に変換することで，超音波割断やスクライブ装置，超音波研削加工装置などに適用することができる．

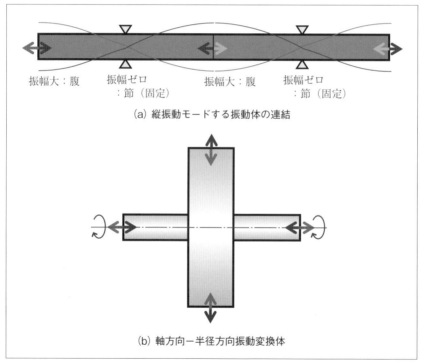

（a）縦振動モードする振動体の連結

（b）軸方向－半径方向振動変換体

〔図2.9〕連結による振動エネルギの伝播やモード変換

2.4 超音波振動の励振方法

　前節において，弾性体の共振状態について論じてきた．適切に振動体を設計すれば，ある特定の共振周波数で振動する切削装置となりうる．振動体を超音波振動帯域で励振するためのアクチュエータとして実用化されているものの一つとして，圧電素子がある．圧電素子は，圧力変動を与えると，電極間に電位差を生じる圧電効果を有する素子である．これをアクチュエータとして使用する場合には，電極間に交番電圧を印加することで，応力が発生する逆圧電効果を利用する．圧電効果の高い素材として，チタン酸ジルコン酸鉛があり，これを焼結成形した後，分極処理を施すことで圧電素子として利用できる．印加電圧に対して，ナノメートルオーダの変位を発生するため，微動位置決め機構などに利用される．一方，セラミックスである圧電素子は，高い剛性を持つために，十分な電流を短時間で投入すれば高速で変位するが，その加速度による引張応力が作用するとクラックが発生し，破損につながる．そこで，軸方向に分極された圧電素子を金属製のブロックで挟み，ボルト締結して十分な圧縮与圧を印加することで，圧電素子に引張応力を作用させないようにしたアクチュエータがボルト締めランジュバン振動子（以降 BLT と呼ぶ，図 2.10）である．この例では，4 枚のリング状圧電素子の両端に電極が挟み込まれ，ボルト締結されている．縦振動モードを励振するアクチュエータとして，同様な構造をもつ様々な励振周波数の BLT が市販化されている．すなわち，ユーザーは，目的の駆動周波数の BLT を選定し，この駆動周波数において目的の振動モードをもつホーンを設計，製作し，振動の腹となる適切な箇所に BLT を機械的にボルト締結すれば，振動系を実現できる．

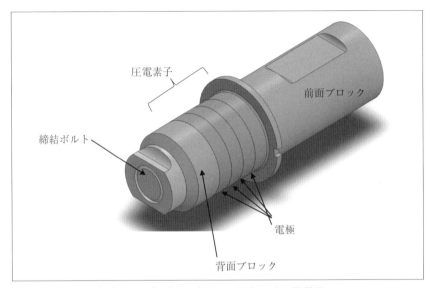

圧電素子

前面ブロック

締結ボルト

電極

背面ブロック

〔図 2.10〕ボルト締めランジュバン振動子

2.5 CAE による振動状態の解析

前節までに，超音波振動の共振周波数や振動モードを理論的に説明してきた．低次の振動モードを用いて，使用するインサートのサイズや質量がホーンに比べて十分に小さくて無視できる場合には，理論計算で十分なことが多い．しかし，ホーン形状が複雑になったり，複雑な振動モードを励振したり，インサートや加工抵抗などの負荷が振動特性に影響を与えたりする場合には，理論計算のみでは設計は困難となる．そこで，本節では，CAE による振動状態の解析手法について説明する．

有限要素解析は，モデルを微小な要素に分割し，各要素間で成立する物理的な現象を表す方程式の連立解を数値的に解くことで，モデルの構造解析や，電磁場解析を行う手法である．超音波振動加工装置は，BLTで励起されることから，解析対象として入力されるのは交番電圧であり，出力として求めているのはインサートやホーンの振動変位や応力，BLTの圧電素子への流入電流などである．すなわち，交番電圧→電極間の電界→圧電素子の逆圧電効果による応力→BLT 構成部品の応力→ホーンの応力や変位と，物理量が連成していく．したがって，連成解析の可能な CAE ソフトが有用である．図 2.11 は，BLT（励振周波数 28kH）に，直径 φ25mm，長さ 80mm のチタン合金製ストレートホーンを埋め込みねじで連結した最も基本的な超音波振動システムのモデルである．BLTにおいては，図 2.12 に示すように，分極方向[注1]を交互に反対方向に向かい合わせた圧電素子の電極間に交番電圧を印加し，電極間に電界を発生させる．ここでは，有限要素解析ソフトの一つである ANSYS を用いて，様々な挙動を解析によって明かにする．ANSYS workbench においては，圧電解析支援ウィザードが提供されており，手順に従って圧電素子への圧電特性設定や分極方向，座標系の設定，および電極や印加電界の設定を行うことで，比較的簡便に解析結果を得ることができる．

注1) 結晶中の正負の電荷のつりあいが取れておらず，電荷の偏り（自発分極）を生じている強誘電体と言われる物質がある．圧電素子は，強誘電体セラミックスの一種であり，分極処理によって自発分極を特定の方向に揃えることで，強い圧電特性を発現させる．

　解析結果を図2.13に示す．(a) は，圧電素子に印加される交番電圧の周波数に対するホーン先端部の振動振幅を示す．これより，周波数27.6kHzで機械的・電気的共振状態となって，大振幅が得られることがわかる．また，(b) は圧電素子への電流および電極間電圧から求められ

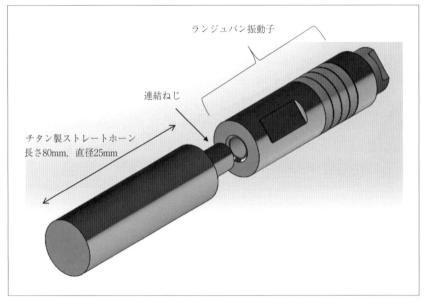

チタン製ストレートホーン
長さ80mm，直径25mm

連結ねじ

ランジュバン振動子

〔図 2.11〕解析モデル

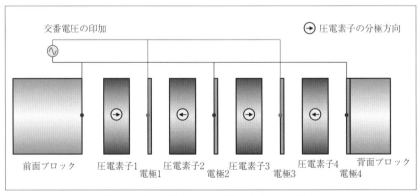

交番電圧の印加　　　　　　　　　　　　　⊕ 圧電素子の分極方向

前面ブロック　　圧電素子1　　圧電素子2　　圧電素子3　　圧電素子4　　背面ブロック
　　　　　　　　　　電極1　　　　電極2　　　　電極3　　　　電極4

〔図 2.12〕圧電素子の配置と印加交番電圧

るインピーダンスの周波数特性である．反共振周波数である 27.6kHz において，インピーダンスは極小値を示しており，大きな電流が流れることになる．(c) および (d) は共振状態における変位形状とミゼース応力分布を示す．27.6kHz で共振する半波長のストレートホーンにおいて，中央部は変位がゼロで応力が高くなる節が，両端部は変位が大きく応力が小さい腹となっていることがわかる．また，BLT の圧電素子とアルミブロックとの接合部が節部となり，ホーンとの接続部が腹となっていることもわかる．半波長をもつホーンを BLT に連結して，たとえば旋削加工のための超音波加工装置を設計する場合には，ホーン先端に適当なインサートを固定し，ホーンの節部と BLT の節部のどちらか一方，もしくはその両方を刃物台に固定すればよい．もちろん，インサートの弾性変形や質量を解析に考慮することで，より厳密な解析が可能となる．

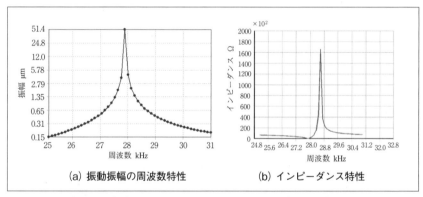

(a) 振動振幅の周波数特性   (b) インピーダンス特性

〔図 2.13〕有限要素解析によって得られる解析結果の例

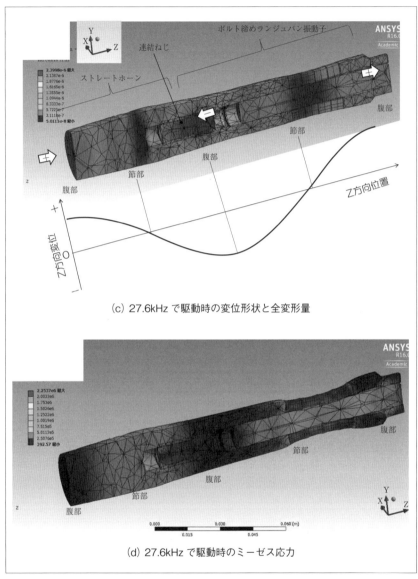

（c）27.6kHz で駆動時の変位形状と全変形量

（d）27.6kHz で駆動時のミーゼス応力

〔図 2.13〕有限要素解析によって得られる解析結果の例

2.6 超音波振動モードが加工に及ぼす影響

図2.14は，超音波振動する切れ刃に対して被削材が一定速度で送り込まれながら，ある切り込み深さで切りくずを創成している状態である．これは，ヘール加工（型削り）や旋盤加工に相当する工具非回転の加工である．切れ刃と被削材の相対運動方向（切削運動）に対して，工具が振動する方向を，①切削方向，②背分力方向，③送り方向に分けることができる[5]．①切削方向振動切削では，切れ刃と被削材の相対速度（切削速度）と，工具の超音波振動の振幅と周波数により求められる振動速度の関係によって，加工現象が変化する．すなわち，切削速度が振動速度に比して十分に遅ければ，未切削領域と切れ刃の間に周期的に空隙が生じる運動となる．つぎに，②背分力方向振動では，切れ刃は切りくずを引き上げたり，未切削領域に食い込んだりする運動を繰り返すことになる．切れ刃のすくい角が負の場合には，切れ刃と切りくずの間に間隙が生じる．これは，軸方向に振動するドリル工具のチゼル部が，被削材に食い込んだり，離れたりする「キツツキ運動」となり，食いつき特性の向上効果になる．また，すくい角がゼロの場合には，切れ刃が切りくずを引き上げる現象が生じ，「負の摩擦係数」を実現できる[6]．③送り方

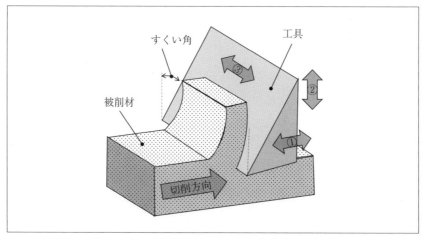

〔図2.14〕二次元切削における超音波振動の方向

向振動では，切削面に対して切れ刃を滑らせる運動となり，被削材と切れ刃間の摩擦抵抗の低減効果が期待できる．これは，超音波カッターなどで活用される運動である．

　ドリルやエンドミルなどの回転工具においても，工具の振動方向は加工特性に大きな影響を与える．工具先端が回転軸と同一方向に振動する場合には，工具先端が被削材に対して「キツツキ運動」することで，工具が被削材に食いつきやすくなったり，切りくずを分断するとともに排出性が改善されたりする．しかし，回転工具の半径方向への振動は，穴径の拡大や工具の異常摩耗などを引き起こす要因となる．超音波加工装置の設計や利用においては，目的の加工状態を実現するために，工具の振動周波数や振動方向を適切に設定すると同時に，その状態を認識し，観察・測定しなければならない．

2.7 超音波振動状態の測定方法

　超音波切削加工における切れ刃の振動周波数は 20kHz ～ 数十 kHz，振幅はマイクロメートルオーダであることがほとんどである．振幅を a_0，周波数を f とすれば，切れ刃の振動の変位は，$x=a_0\sin2\pi ft$ で表される．したがって，瞬間最大速度は $v_{max}=2\pi fa_0$ となる．たとえば，周波数 40kHz，振幅 10μm における瞬間最大速度は，2.5m/s となる．すなわち，このような超音波振動を測定するには，測定器には高い周波数帯域，測定分解能が要求される．また，振動モードを詳細に把握するためには，点測定もしくは波長よりも十分に小さい測定エリアでなければならない．

【変位計，速度計】

　レーザードップラ振動計は，その名前が示すとおり，振動する物体からの反射光の周波数がドップラー効果によって変動する現象によって，物体の速度および変位を測定するものである．メガヘルツ帯域での振動速度測定，ナノメートルオーダの測定分解能，マイクロメートルオーダのレーザースポット径および数十 mm ～ メートルオーダの測長距離を有しており，超音波振動の測定においては標準的な測定器である．

　静電容量型変位計は，センサと測定対象物との間の静電容量に基づいて変位測定をするもので，応答周波数 100kHz，サブナノメートルの変位分解能を有する精密測定器である．測定分解能を高くするには測定スポット径（センサ径）は大きくなる．また平面を対象とする測定のため，薄板の縦モード振動や円柱の半径方向変位は補正が必要となったり，感度が低下する．さらに，センサと測定対象物は近接しなければならない．超音波加工中における切削バイトの振動状態などは，切りくずがセンサに衝突するなどの問題のため，インプロセス計測（加工と同時に計測すること）には適用が難しい．

【撮影による方法】

　高速度カメラによって，振動状態を直接動画撮影することも可能である．しかし，フレームレート（1秒間あたりの撮影枚数）は，振動周波数の5倍～10倍が必要となる．また，フレームレートと撮影画素数は

トレードオフの関係にあるので，十分な測定分解能を確保するには，必然的に撮影が狭くなり，かつ高倍率のレンズ系が必要となる．また，1フレームあたりの露光時間が短いために，撮影範囲に大きな光量を照射しなければならないといった多くの制約や要求がある．しかし，直接撮影によって得られる情報は二次元的な変位・振動情報であるので，上述の変位センサのような測定点1点における1方向の変位に比べて，直感的に振動モードを理解することができる特長がある．また，変位のみならず，たとえば超音波加工中における切りくずの創成現象も撮影できることから，振動状態が切削現象におよぼす効果も観察できる．

図2.15は，周波数40kHzで市販のソリッドドリル工具を超音波スピンドルで励振したときの，工具先端の超音波振動を高速度カメラで撮影した結果である．超音波振動の振幅は数μmのオーダである．この微小変位を可視化するには高倍率のレンズを用いるため，視野は狭く，かつ被写界深度は浅くなる．そこで，工具表面の加工痕やコーティング膜の傷などをターゲットとして，その振動状態を読み取る．a) においては，工具先端は軸方向にのみ変位しており，縦振動モードによる良好な振動状態と言える．一方，突き出し長さがわずかに異なるb) においては，振動は半径方向の変位が支配的となる曲げモードが励振されている．このような振動では，工具外切れ刃が穴壁面を叩いたり，ドリル先端のチ

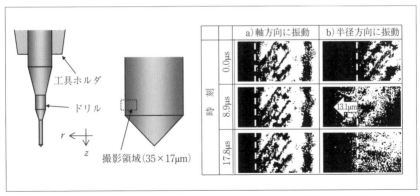

〔図2.15〕高速度カメラによるドリル先端近傍の振動状態撮影

ゼル部が未加工部と擦れたりすることが想像できる．このような振動状態が，加工特性や工具寿命に与える影響については，第4章にて詳述する．超音波加工においては，意図しない振動モードが励起される場合があることを考慮すべきであり，その振動状態を適切に観測し，制御することが不可欠である．

　超音波振動中の物体を顕微鏡撮影するには，シャッター速度は振動周期よりも充分に早くなければ，鮮明な画像を得ることはできないが，高速度カメラは高価であること，生産現場における工場環境下での継続的な使用は難しい問題がある．超音波振動に同期して，任意の位相において極短時間発光する廉価な照明装置を開発し撮影を試みた[7]．撮影装置の信号処理の流れを図2.16に示す．作成した照明装置では，超音波切削装置を駆動する発振電源の励起信号（約60kHz）を電流プローブで検出する．そして，任意の位相遅れでパルス出力を行い，これを増幅してLED（定格入力電力3W，光束130lm）を発光させる．発光時間は実測で0.6μsecであった．これは，超音波振動の周期16μsecに比べて充分に短い．そして，位相遅れは0.6μsec刻みで調整可能である．廉価なLEDを用いるため，装置全体のコストは非常に安い一方で，光量が不足しているため，1ショットの発光では撮影に充分な光量が得られない．しか

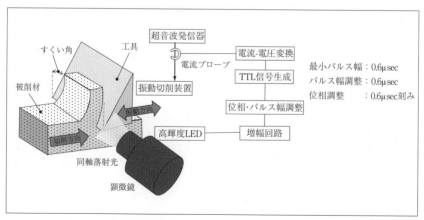

〔図2.16〕超音波振動に同期したストロボ撮影システム

し，超音波振動現象の高い再現性を利用することで，シャッターを開放
状態にして，複数回の発光を行う．結果として得られる画像は多周期の
重ね合わせとなるが，充分に鮮明な画像が得られる．また，実験では高
倍率ズームレンズとカメラを用いたが，工場環境下で利用している既存
の顕微鏡と本発光システムを組み合わせて，目視にて振動状態を観察す
ることもできる．

　図2.17に送り速度50mm/min，切込量20μmでA1100とNAK80を超
音波切削した際の撮影結果を示す．被加工物は照明光を反射するため，
変形していない場合は白く撮影される．工具は超音波振動中にもかかわ
らず，表面の凹凸を鮮明に撮影できている．シャッター速度が送り速度
に対して相対的に遅いため，切りくずは流れて撮影されているが，切り
くず生成過程などは充分に確認することができる．両図ともに(a)は工
具すくい面と切りくずが接触する位相での画像である．一方，(b)は(a)
での撮影位相に比べてほぼ半周期の位相遅れに相当する8.4μsecだけ発
光を遅らせた画像である．工具振動と被削材の送り運動の相対速度に基
づく振動切削理論においては，すくい面と切りくずの間に空隙が生じる
加工条件である．刃先に注視すると，(a)と比較して工具と切りくずが

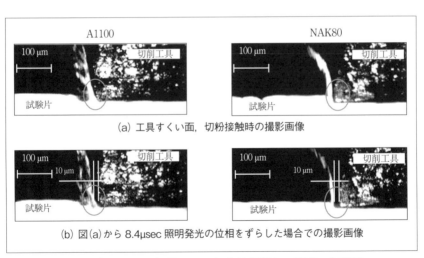

(a) 工具すくい面，切粉接触時の撮影画像

(b) 図(a)から8.4μsec照明発光の位相をずらした場合での撮影画像

〔図2.17〕ストロボ撮影による超音波振動加工現象の可視化

離れていることが確認でき,その距離は振動振幅である 10μm に等しい.
また,ここでは工具の最前進位置,最後退位置を示したが,発光タイミングをずらすことで,任意の位相における画像を得ることが可能である.

2.8　振動切削装置の設計事例

①二次元切削加工用振動装置

　著者の実験において使用する切超音波切削装置の設計・製作方法について，簡単に説明する．要求仕様は，市販の超硬合金製のインサートを切削方向に超音波振動させることである．研究のための実験装置であるので，装置の大きさについては不問である．使用する BLT の駆動周波数は 27.8kHz とした．また，切削加工による加工抵抗に対して十分な機械的剛性を確保するため，ホーンの長さは 1 波長とする．この結果，二カ所の節部を刃物台に固定する構造にする．ある程度の試行錯誤の結果，図 2.18 に示すような外寸および構造とした．ホーン部の長さは，179mm とした．ホーンの縦振動における節となる○印部分を，弾性ヒンジを用いたリンク機構を介して刃物台に固定する．この結果，z 軸方向に直交する節部の変位を吸収させ，z 軸方向への縦振動を阻害しない構造としている．また，両端矢印（←→）が腹部となる．この一端にインサートを取り付け，他端に BLT を埋め込みボルトで締結する．BLTの電極間に周波数 27.6kHz，振幅 200V の交番電圧を印加した際の変形形状および全変位量のコンター図を図 2.19 に示す．ホーンの自由端に

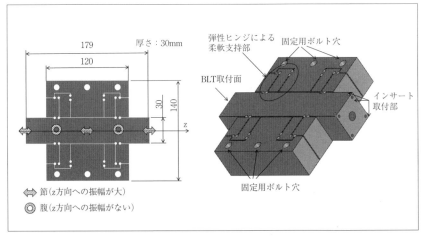

〔図 2.18〕切削装置の外寸および構造

取り付けられたインサートが，z軸方向に大きく変位していることがわかる．また，節部はz軸方向には変位しないが，z軸と直交する方向には弾性体のポアソン比にしたがって変位が生じているが，リンク部によって変位が吸収されている様子も確認できる．これらの解析結果に基づいて，A5052材からワイヤーカット放電加工によって切り出された切削装置を図2.20に示す．これに，BLTとインサートを締結し，様々な特性試験を実施した．図2.21 (a) は，周波数解析器によって測定されたインピーダンス特性，(b) はレーザ変位計で測定されたインサートのz軸

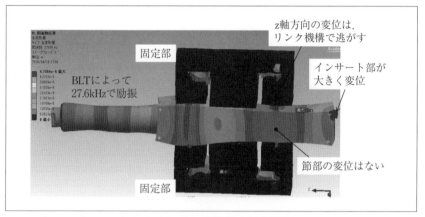

〔図2.19〕超音波振動切削装置の強制振動解析結果

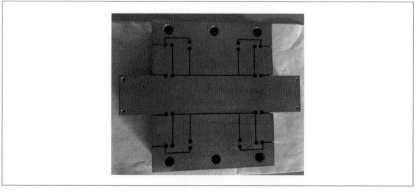

〔図2.20〕WEDMによってアルミブロックから削り出された切削装置

方向変位である.解析においては,27.6kHzで最大変位が得られていたが,実際には27.2kHzに反共振点が得られており,解析結果が妥当であることが確認できた.そして,周波数27.2kHzの印加交番電圧±115Vにおいて,0.4Aの電流が測定された.このとき,インサートはz軸方向に±5μm程度で振動していることが確認され,超音波切削加工の実験に利用することができた.

②振動テーブルの設計・製作事例

　加工装置の設計事例ではないが,超音波振動装置の応用例として,円柱状のホーンの端面を軸方向に超音波振動させる装置を紹介する.超音

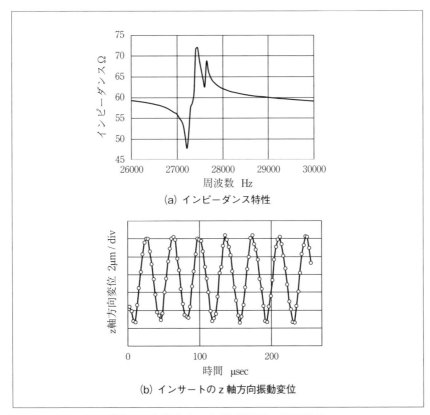

(a) インピーダンス特性

(b) インサートのz軸方向振動変位

〔図2.21〕製作された切削装置の振動特性

波帯域の高周波振動により発現する物理現象の変化を実験的に検証するための振動テーブルとして考えていただきたい．ここでは，詳細な寸法を提示することはできないが，図2.22に示すように，ホーンの直径およびランジュバン型振動子の直径は30mmである．ホーンの節部には，フランジが設けられており，この部分をスタンドにて把持する構造である．ただし，フランジ部は呼吸運動と呼ばれる半径方向への収縮を生じるので，完全固定による把持は振動を抑制するだけでなく，発熱やフランジ部の摩擦などの問題となる．この装置では，ゴム製のOリングを介してフランジ部を柔軟に把持することで，呼吸運動による問題を簡便に解決している．機械加工装置においては，Oリングを介して振動体を機械構造体に把持・固定すると機械剛性が極端に不足するため，ほとんどの事例では採用されることはない．しかし，この装置の使用目的においては，ホーンには外力は作用しないために，このような簡便な方法を選択できる．

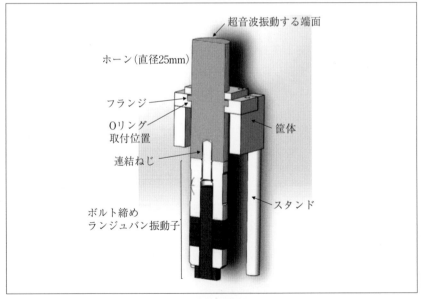

〔図2.22〕設計事例のモデル

　この設計においては，第一段階として SolidWorks を用いて，装置のモデルが作成された．そして，このモデルを ANSYS にて振動解析を実施する．ANSYS Workbench においては，三次元 CAD で作成されたモデルを，グラフィカルなインターフェースによって，シームレスに FEM モデルとして流し込める．図 2.23 においては，SolidWorks で作成したジオメトリを，周波数解析を行うモジュールに転送する連結線が示されている．

　ANSYS においては，圧電解析を実施するウィザードが準備されており，指示に従って操作することで，簡便に解析結果を得ることができる．ジオメトリに含まれている機械部品の材料については，装置やホーンの構造体としてアルミニウム合金，BLT のボディーとしてアルミニウム合金，電極には銅合金，BLT とホーンの接続ねじにはチタン合金を設定している．また，圧電材料については，圧電マトリクスをテキストボックスに入力することで，特性を定義できるウィザード（図 2.24）が用意さ

〔図 2.23〕ANSYS Workbench における CAD とのシームレスな連携

れている.

BLT に組み込まれている圧電材料は，分極処理によって圧電特性を発生させており，異方性を有している．したがって，圧電特性を定義するために，図2.25に示すように，圧電材料に個別に座標系を設定し，分

〔図2.24〕ANSYSにおける圧電材料定義画面

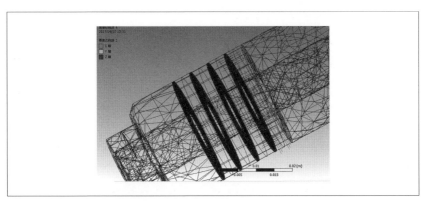

〔図2.25〕圧電素子への分極方向定義のための座標系設定

極方向を設定する．ここでは，リング状の圧電素子に対して，分極方向を軸方向（Z方向）に設定し，半径方向をX軸として設定している．そして，各電極間へ印加する交番電圧について定義し，極間に交番変動する電界を発生させることで，周波数応答解析を実行する．

　解析によって得られた，BLTとホーンへの交番電圧の周波数（横軸）に対する，ホーン端面の軸方向変位およびBLTの圧電素子への電流の関係を図2.26に示す．これより，周波数が28.5kHzにおいて，最も軸方向への振動が大きくなり，これよりも低かったり高い周波数では，振幅が低下することがわかる．BLTの仕様上の駆動周波数は28kHz程度であるのでほぼ一致しており，あとは実機における微調整で十分にチューニングできると判断した．また，圧電素子への投入電流も，振動が最大になる周波数である28.5kHzで最大となる．すなわち，この周波数でインピーダンス（交流における電気抵抗と考えるとよい）が最低値をとる．次に変形形状および全変形量のコンター図を図2.27に示す．半波長の振動体であるので，ホーン端面，ホーンとBLTの連結部およびBLTの後端部が振動の腹，ホーンのフランジ部およびBLTの圧電素子部が節になっており，設計思想を実現できていることが確認できた．

　設計結果に基づいて，図2.28のような実機を製作した．実機製作においては，BLTで発生した弾性波をホーンに伝播させるため，BLT端面とホーン端面の密着度が重要である．製作した装置の周波数特性として，エヌエフ回路ブロックFRA5087を用いて，インピーダンス測定を実施した．設定した周波数帯域において，交番電圧の周波数をスイープさせながら，BLTの圧電素子へ流入する電流値を高精度なシャント抵抗で測定することで，インピーダンスの周波数特性を換算し，取得する．インピーダンス測定の様子,装置および実測結果の画面を図2.29に示す．これより，周波数27.5kHzにおいて，インピーダンスが最小値となる反共振点が確認できるとともに，その近くの周波数に設計時に意図しなかった振動モードは存在しないことが実験的に検証できた．最後に，テーブル上面の振動変位をレーザ変位計で測定した結果を図2.30に示す．振幅±5μmの超音波振動が確認された．また，構造上，ハウジング側に

超音波振動が伝わると，テーブルの脚部の振動や，可聴域の振動などが発生する．本設計においては，十分な解析による振動状態の検討，節部での最適な把持方法の選択などにより，テーブルの振動部から脚部へは，振動が絶縁されていることが確認された．

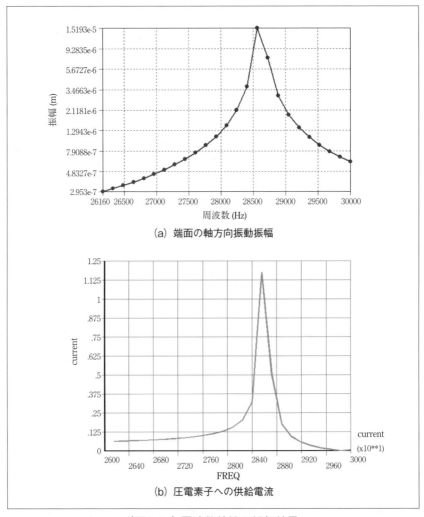

（a）端面の軸方向振動振幅

（b）圧電素子への供給電流

〔図2.26〕周波数特性の解析結果

〔図 2.27〕変形形状と全変位量のコンター図

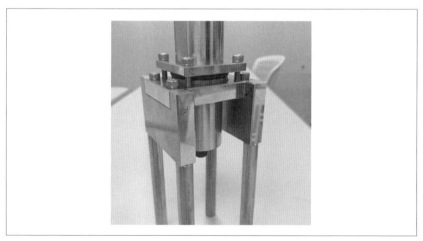

〔図 2.28〕製作した振動テーブル

(a) 実験装置 　　　　　　　　 (b) インピーダンス測定結果

〔図 2.29〕製作した振動テーブルのインピーダンス測定

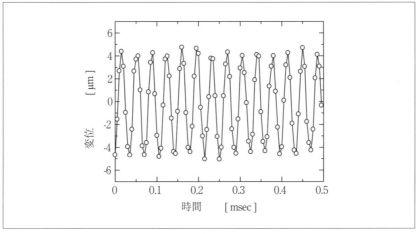

〔図 2.30〕振動テーブル上面の変位測定結果

2.9 まとめ

　超音波加工において得られる長所は多く，第1章で紹介したように，従来は困難であった加工を実用化したケースも多く見られる．その一方で，超音波加工を適用しても，効果が得られない場合も見られる．たとえば，断続切削状態の指標である臨界切削速度について前節で説明したが，これまでの通例としては被削材送り速度は臨界切削速度よりも十分に遅くしなければならないと言われている．具体的には1/5程度にしないと，超音波振動の効果が得られないと言われているが，これは多くの実験結果から得られた指標であり，その理由まで明らかにはなっていない．超音波振動の効果は，被削材により変わることもある．今日でも，超音波振動加工で発生している数十マイクロ秒で繰り返される，マイクロメートルオーダの切りくず創成メカニズムは明らかになっておらず，今後の研究の余地がある．

参考文献

1) 笹原弘之, 原田圭：超音波振動切削における切削機構に関する研究 (第 1 報)：相対切削速度の変動と切りくず生成過程のシミュレーション 解析, 精密工学会誌, 70 (4), (2004) 578-582

2) 隈部淳一郎：振動切削－基礎と応用－, (1979 年), 実教出版社

3) 三浦拓也, 呉勇波, 野村光由, 藤井達也：単結晶サファイアのスパ イラル超音波援用研削, 2016 年度精密工学会秋季大会 学術講演会講 演論文集, (2016), 121-122

4) 例えば, 島川正憲：超音波工学－理論と実際－, 工業調査会, (1975), 145

5) 日本塑性学会編：超音波応用加工, 森北出版

6) Hiromi ISOBE and Keisuke Hara: Visualization of Fluctuations in Internal Stress Distribution of Workpiece During Ultrasonic Vibration-assisted Cutting, Precision Engineering, 48, (2017) 331-337

7) 田中康, 磯部浩已, 久曽神煌：「超音波援用二次元切削における切削 現象の解明」, 2005 年度精密工学会秋季大会学術講演会講演論文, 507

(((3.)))
非回転工具による除去加工

前章では，超音波振動体の基礎について説明した．超音波切削を実施する方法として，旋盤を用いた，非回転工具による切削方法がある．この方法では，加工物は旋盤の主軸に取り付けられ回転運動を与えられ，超音波振動はインサート形の切削チップに与えられる．また切削チップは旋盤の刃物台に取り付けられる「超音波振動切削装置」の先端に固定され，そのチップはランジュバン振動子などの超音波振動子により加振される．一般的な超音波旋削のセットアップ写真を図3.1に示す．

　この他，非回転工具による切削加工として，シェーパー加工による方法もある．こちらについても，本章にて説明したい．

3.1　旋削加工のための装置

　超音波旋削には，先述の通り「超音波振動切削装置」を用いて超硬合金・サーメット製の切削チップを超音波領域で振動させる必要がある．このための装置について，本節で説明する．

　まず，超音波振動切削装置は，超音波振動の発振源となる「超音波振動子」と振動を刃物まで伝達させる「振動ホーン」から構成される．「超音波振動子」は古くは磁歪素子が用いられてきたが，近年では発熱が少なく，エネルギ変換効率が良好な圧電アクチュエータが用いられるよう

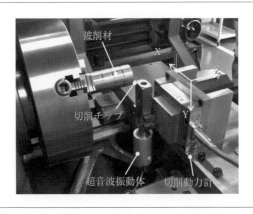

〔図3.1〕超音波切削の概要図

になっている．その中でも，加工機用の超音波振動の発生には，2.4 節
で説明した「ランジュバン振動子」と呼ばれる，圧電素子を金属ブロッ
クで挟み込み，ねじ締結されたものを用いる．「ランジュバン振動子」
の外観写真を図 3.2 に示す．「ランジュバン振動子」は，機械的にある周
波数で縦波振幅出力が最大となるよう設計されており，共振周波数と同
じ周波数の交流電源を与えて加振すると，強力な超音波振動が発生する
仕組みになっている．通常，圧電素子に負電圧を印加すると圧電素子に
引張応力が生じ，素子が破損するが，「ランジュバン振動子」の圧電素
子は圧縮の与圧が掛けられているため，交流電源で駆動しても破損しな
いようになっている．

　「ランジュバン振動子」で発生させた強力な超音波振動は切削チップ
へと伝達されるが，このときの損失をいかに少なくするか，振動体の設
計が重要となる．また，超音波振動する振動体を工作機械に固定する方
法も重要である．このとき，超音波振動を振動体の外部，すなわち工作
機械に漏らさないようにすること，いかに剛性高く固定するかが重要で
ある．超音波振動が工作機械に漏れる構造になっていると，振動伝達効
率の悪化，漏れた振動により工作機械の摺動面が擦れ摩耗が激化するな
ど，悪影響を及ぼす恐れがあるためである．また，超音波振動体の固定
が不十分の場合，振動により部品同士が擦れ合うことで連結部から甲高
い不快な音が生じ，また連結部が摩耗し振動体の寿命が短くなるため注

〔図 3.2〕ランジュバン振動子

意が必要である．

　まず，超音波振動体の設計方法を理解するため，物体の超音波弾性振動の概要をおさらいを兼ねて説明しよう．図 3.3 に断面が一様な金属棒に超音波弾性振動が伝わっていると考える．このとき，超音波振動を伝達する振動体の長さ L は，振動体の断面形状と振動媒体の機械的特性が一様ならば，縦波振動波長 λ の 1/2 の整数倍となるよう設計される．このとき，波長 λ は以下の式 (3.1) と式 (3.2) で計算される．

$$\lambda = c/f \quad\text{……………………………………………} \quad (3.1)$$
$$c = (E/\rho)^{1/2} \quad\text{………………………………………} \quad (3.2)$$

　ここで，c：振動媒体中を伝わる縦波の音速 m/s，f：縦波振動の周波数 1/s，E：縦弾性係数 Pa，ρ：媒体材料の密度 kg/m^3

　振動体には，縦方向振幅が最も大きくなる「腹」と縦方向振幅が最も小さくなる「節」が交互に現れる．またこの「腹」と「節」の間隔は，縦波振動の波長 λ の 1/4，すなわち $\lambda/4$ となる．このことから，超音波振動体の最小構成長さは，「腹」・「節」・「腹」の構成となるため，$\lambda/2$ となる．超音波振動体では，振動の入力部，出力部が「腹」になるように，振動体を固定する部分を「節」となるように設計する．

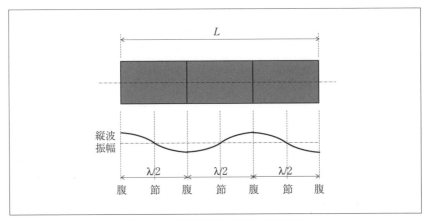

〔図 3.3〕超音波弾性振動の概要図

以上より，振動体に用いる材質と，超音波駆動周波数により振動体の長さLが決まる．

$$L = n \cdot \lambda/2 \ (n \text{ は任意の整数}) \quad \cdots\cdots\cdots\cdots\cdots\cdots\cdots\cdots\cdots\cdots \quad (3.3)$$

最も簡単な超音波加工装置の構成図を図3.4に示す．振動体は，振動素子，工作機械への取付部を有するパーツと，切削チップを固定するパーツに分けられ，製作の難易度から別々に製作され，互いにねじ締結されて使用される．振動体同士を連結するときは，振動体の腹（縦波振幅が最も大きくなる箇所）となる部分で連結することが一般的である．振動体は，その長さのみならず，振動体先端に取り付けられる切削チップの大きさおよび質量，振動体の形状により振動特性が大きく影響されるため，有限要素法を用いた固有値シミュレーション，強制振動シミュレーションを用いて設計し，シミュレーションでの最適化を行った後，実際に振動体を製作し特性を評価することが必要となる．

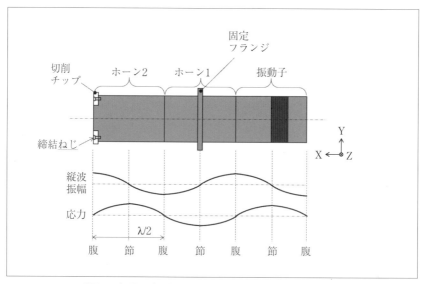

〔図3.4〕最も簡単な超音波振動切削装置の構成図

【練習問題】

　アルミニウム合金（密度 ρ =2800kg/m^3，縦弾性係数 E =71.8GPa）で製作する超音波振動体を設計する．伝達する超音波振動の周波数 f = 40kHz のとき，超音波振動の波長の長さ λ と，振動体の最小構成長さ L を求めよ．

【解答】

　まず，アルミニウム合金の縦波音速を求める．

$$c = (E/\rho)^{0.5} = (71.8 \times 10^{9}/2800)^{0.5} = 5064\text{m/s}$$

これより，縦波の波長 λ は，

$$\lambda = c/f = 5064/(40 \times 10^{3}) = 0.1266\text{m} = 126.6\text{mm}$$

　振動体の最小構成長さ L は，式（3.3）にて，n = 1 のときである．

$$L = n \cdot \lambda/2 = 1 \times 126.6/2 = 63.3\text{mm}$$

　また，図 3.4 の長手（X 軸）方向に縦波振動を与えると，長手方向のみならず，ポアソン変形に伴い直交軸（Y 軸・Z 軸）方向にも振動が生じる（図 3.5）．特に振動体の固定に用いる「節」の箇所でこの直交軸方

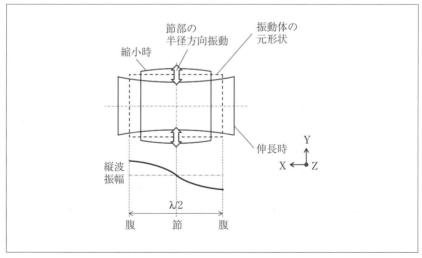

〔図 3.5〕超音波振動におけるポアソン変形振動のイメージ

向振動が最大となるため，これが振動体の固定に影響を及ぼすことがある．このことから，縦波振動を妨げず，ポアソン変形の影響を最小限にとどめ，しかも振動体固定部の剛性が確保できる構造にする必要がある．そのため，共振体設計時に，切削中に受ける力をあらかじめ考慮し，静解析による最適化を行い剛性を高める工夫も必要になってくる．

切削用インサートチップ締結部の構造についても，注意が必要となる．良好な振動伝達のため，振動体同士の連結部は高い平面度を持たせ，振動体連結面同士が平行に密着するように製作しなければならない．また，振動体の加工時に生じた隅部の丸みやバリにより，面接触を妨げられることもある．このため，切削用インサートチップ取付部においては，隅部を切り下げ，なるべく面同士で接触できるようにする必要がある．詳細を図 3.6 に示す．

取付構造について，振動伝達性を考慮してねじ締結による方式が採られる．旋削用インサートチップ取付法でよくあるクランプ方式は，チップの脱着は容易となるが，振動体の部品点数が増加し構造も複雑となるため，超音波振動の伝達性に難がある．そのため，最もシンプルかつ確実な固定方法であるねじ締結方式が用いられる．

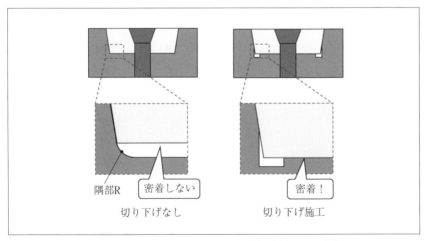

〔図 3.6〕超音波振動体工具チップ取付部の注意点

以上のように，切削用インサートチップと振動体の取付状態は重要であるが，取付状態が悪いと，振動伝達効率が悪化するほか，擦れ音の発生，切削中にチップ締結ねじが緩み事故につながる恐れがあるので注意が必要である．

3.2 振動切削論と超臨界切削速度超音波切削に関する研究

　超音波振動切削では，隈部により提唱された「臨界切削速度」なるものが知られており[1]，超音波振動付与の効果が得られる切削速度の上限値が存在すると考えられている．超音波切削の模式図を図3.7に示す．隈部によれば，超音波切削による切削性の改善は，以下のものに依ると考えられており，今日までの振動切削の基礎として一般に知られている．

①加工物－工具間に周期的にすきまが生じることにより加工部の冷却が促進される効果

②①のすきまにより加工物－工具間に潤滑剤が入り込むことによる潤滑を促進し摩擦・摩耗を低減させる効果

③加工物から離れた工具が助走をもって加工物に向かい，衝撃力により材料の破壊を行い切削抵抗が激減する，助走効果

④加工部に超音波振動が与えられることによる変形抵抗の低減（Blaha効果と呼ばれる）[2]

　以上のうち，①～③は「加工物－工具」の間が周期的に離れることによって生じる現象であり，このため，「加工物－工具」のすきまが周期的に生じさせる条件で切削する必要があると考えられている．従来の振動切削理論による臨界切削速度は主分力方向切削では，下記の式（3.4）で求められる．

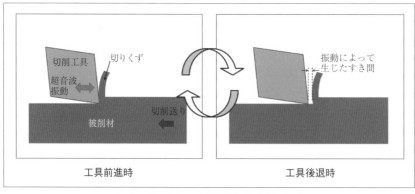

〔図3.7〕超音波切削の簡単な模式図

$$V_c = 2\pi f A \quad \cdots\cdots\cdots\cdots\cdots\cdots\cdots\cdots\cdots\cdots\cdots\cdots \quad (3.4)$$

　隈部の理論では，切削速度が超音波振動の最大速度を超過してはいけないということを意味する．この理論を満たす場合，満たさない場合それぞれの工具刃先の挙動を図3.8に示す．図では縦軸が時間軸，横軸が工具刃先の位置を示している．切削速度が臨界切削速度以下での切削（図3.8（a））では，工具刃先が前進と後退を繰り返し，加工物から周期的に離れることが確認できる．それに対し，臨界切削速度以上の切削（図3.8（b））では，刃先の後退はなく，刃先が加工物と連続接触するため，先述①〜③の切削性改善効果が得られないということになる．

　実際の製造現場で，超音波援用切削を用いることを考える．たとえば，超音波振動装置によって発生される工具刃先の超音波振動の周波数が $f = 40\text{kHz}$，片振幅が $A = 5\mu\text{m}$ とする．このときの臨界切削速度は，式

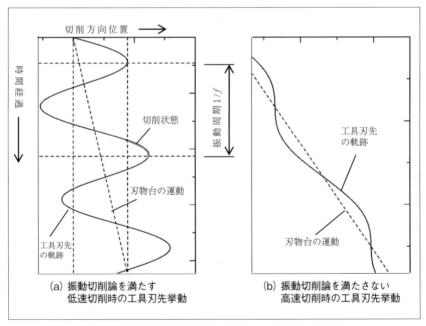

〔図3.8〕超音波振動切削における工具刃先の挙動

(3.5) で求められる.

$$V_c = 2\pi \times 40 \times 10^3 \times 5 \times 10^{-6} = 1.26\text{m/sec} = 75.4\text{m/min} \cdots \quad (3.5)$$

この速度は,現在の生産現場で広く用いられる,超硬合金製,サーメット製の工具を用いて行う切削速度(150〜200m/min)に比べ,かなり低く,加工効率が悪いことがわかる.つまり,超音波振動援用切削は,加工効率が低くても従来の切削加工では削れない材料・形状を加工するとき,加工品位を最優先にする場合に適用されるのが一般的であった.

その中,筆者らは加工効率を向上し,かつ加工品位を向上させることを目的に,「超臨界切削速度超音波切削」の研究を行っている[3],[4].この技術では,超音波振動を与えることによって,以下の効果を期待するものである.

①加工部に超音波振動を与え,金属結晶のすべり変形を容易化することによる,材料の切りくずへのせん断変形抵抗を低減する効果

②超音波振動のエネルギを加工物に与え,材料を分断させる効果

③すくい面と切りくずの間に相対速度を与え,摩擦を低減し摩耗を削減する効果

振動切削の萌芽期は,超音波振動体の技術が未熟であり,強力な振動を得ることができなかったことから,刃先と加工物を周期的に離し,助走を与えることで振動付与の効果を得ていた.現代では技術が進歩し,振動発生アクチュエータは磁歪素子から圧電素子に代わり,変換効率,エネルギ密度ともに飛躍的に向上した.また,振動体設計の技術も成熟し,有限要素解析技術の進歩に伴い,より強力な超音波振動を刃先に集中させることができるようになった.このように,強力超音波を加工部に集中的に与えることができるようになったため,切削速度が速く,刃先と加工物が連続接触する状態でも加工部に超音波振動のエネルギを投入することができ,超音波振動付与の効果を得られるのではと考えている.この原理の説明図を図3.9に示す.

なお,次の3.3節では,超音波旋盤加工における研究事例を紹介するが,この事例はすべて,「超臨界切削速度超音波切削」であることを付記し

ておく.

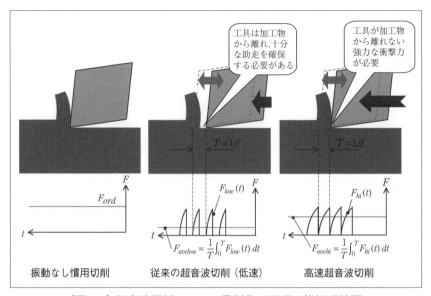

〔図 3.9〕超音波切削における易削化の原理の推測理論図

３．３　超音波旋削加工の研究事例

３．３．１　高速超音波旋削の事例・背分力方向振動切削の場合 [5]

　この事例では，旋盤と超音波切削装置（岳将製：40kHz）を用いて超音波切削実験を行った．実験の概要図を図3.10 に，レーザドップラ振動計による超音波切削装置の振幅測定結果を図3.11 に示す．振幅は背分力方向で2μm，主分力方向で0.85μm，送り分力方向0.40μmとなり3方向の複合振動であることを確認した．この実験ではアルミニウム合

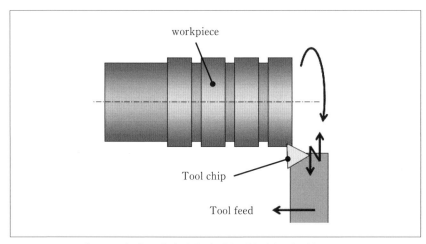

〔図3.10〕背分力方向超音波振動切削の実験概要図

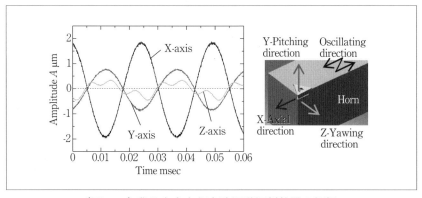

〔図3.11〕背分力方向超音波振動切削装置の振幅

金 A5056 丸棒の外丸切削を行った．工具は超硬合金製のチップ（すくい角 0°，チップブレーカ無）を用い，切削油を使用しない乾式で切削した．超音波切削装置の取り付け向きは，背分力方向超音波切削となるように配置し切削実験を行った．実験条件を表3.1 に示す．超音波切削装置の振動最大速度 V_c は，次の式 (3.6) のように求められる．

$$V_c=2\pi fA=2\pi \times 40 \times 10^3 \times 2.0 \times 10^{-6}=0.50\text{m/s}=30\text{m/min} \quad \cdots \quad (3.6)$$

となる．この実験では V_c の約10倍の値300m/min を切削速度に設定した．切削実験後の評価は，加工面の表面粗さ測定（3 回測定し平均値を算出）と顕微鏡観察を行った．

　以上のセットアップで，超音波切削と超音波振動なしの慣用切削を行った．図3.12 に切削面の顕微鏡写真と表面粗さを示す．表面粗さ測定の結果，慣用切削のほうが良好であった．加工面の顕微鏡観察の結果，

〔表3.1〕背分力方向超音波切削実験条件

被削材材質	A5056 φ50×L10
工具チップ	Tungaloy TPGW090202:TH10
超音波振動　*f/A*	40kHz / 2.0 μm, none
切削速度　*V*	300m/min
送り速度　*F*	0.2mm/rev
切り込み　*t*	0.25mm
切削油	乾式

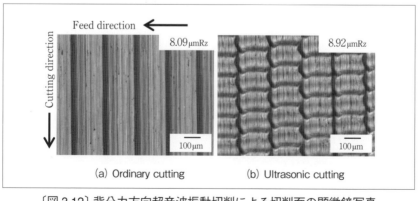

(a) Ordinary cutting　　(b) Ultrasonic cutting

〔図3.12〕背分力方向超音波振動切削による切削面の顕微鏡写真

超音波切削では切削方向に周期的な模様が現れた．切削方向に沿って断面曲線を測定した結果，超音波振幅の周期と一致した間隔の凹凸を確認，これより加工面に対し垂直方向の工具超音波振幅が加工面に転写されたと考えられる．またその凹凸の高さは約6μmであったことから，超音波振幅が加工面へ転写した凹凸を除いた表面粗さは，超音波切削のほうが慣用切削よりもよいと推測できる．

　以上をまとめると下記のようになる．

①超音波切削では超音波振動援用により振幅周期と同じ長さの切削痕が残った．これより，臨界切削速度を超えた超音波切削でも慣用切削とは異なる切削現象が起こっていると考えられる．

②工具に超音波振動を与えることにより，高速切削環境においても構成刃先の加工面への付着を抑制できた．

③表面粗さは超音波切削よりも慣用切削のほうがよかったが，超音波振幅が加工面に転写した影響を除くと，超音波切削のほうが良好な面であると推測できる．

④送り分力方向の超音波切削では，切りくずのカール半径が小さくなり，短く分断された．

3.3.2　高速超音波旋削の事例・主分力方向振動切削の場合

　ここでは，精密旋盤と超音波切削装置（40kHz）を用いて背分力方向振動の超音波切削実験を行った事例を紹介する．実験の概要図を図3.13に，レーザドップラ振動計による超音波切削装置の振幅測定結果を図3.14に示す．振幅は無負荷状態で主振動（X軸）方向に2.3μm，Y軸方向で1.2μm（X軸と逆位相），Z軸方向0.30μmの3方向複合振動であることを確認した．本実験ではステンレス鋼SUS304丸棒の外丸切削を行った．工具は超硬合金TH10のインサート（すくい角0°，チップブレーカ無）を用い，切削油なしの乾式で切削した．実験条件を表3.2に示す．超音波切削装置の振動最大速度 V_c は，振幅2.3μmで，次の式（3.7）のように計算できる．

$$V_c = 2\pi \times 40 \times 10^3 \times 2.3 \times 10^{-6} = 1.26\text{m/sec} = 75.4\text{m/min} \quad \cdots \quad (3.7)$$

と求められる．本実験ではこの約4倍の値160m/minを切削速度に設定した．切削実験後の評価は，加工面の表面粗さ測定（3回測定し平均値

〔図 3.13〕実験装置配置図

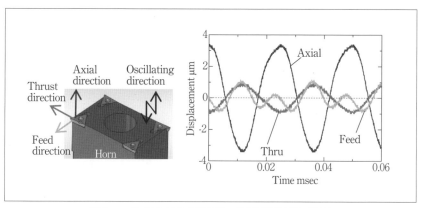

〔図 3.14〕超音波切削装置の振動挙動測定結果

〔表 3.2〕主分力方向超音波切削実験条件

被削材材質	SUS304 φ50×L20
工具チップ	Tungaloy TPGW090202:TH10
超音波振動　f/A	40.3kHz / 3.4μm, none
切削速度　V	170m/min (1140min^{-1})
送り速度　F	0.2mm/rev
切り込み　t	0.5mm
切削油	乾式

を算出）と加工面・工具の顕微鏡観察を行った.

　超音波切削装置を背分力方向振動になるように刃物台に取り付け，超音波切削と慣用切削を行った．図3.15に切削面の外観，顕微鏡写真と表面粗さを示す．今回の切削条件では，理論粗さが6.3μmRzである．切削面の表面粗さ測定の結果，振幅2.3μmの超音波切削（以下，低振幅超音波切削）で14.7μmRz，振幅3.2μmの超音波切削（以下，高振幅超音波切削）で26.4μmRz，慣用切削10.7μmRzと慣用切削のほうが良好であったが，肉眼での外観観察の結果，超音波切削のほうが凝着物の発生が少ない均質な切削面が得られた．また，慣用切削面では光沢のある切削面を得たが，超音波切削では光沢の少ない，梨地状の切削面を得ている．これは，超音波振動が加工物を半径方向に押し込む方向にも作用していることに起因する．これにより，加工面には細かいピッチで半径方向の窪みが生じるため，表面粗さとしての値は悪化するが，加工面と

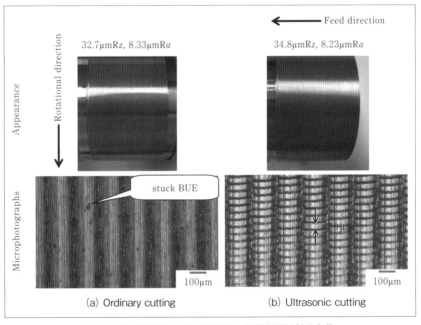

〔図3.15〕切削面の外観写真と光学顕微鏡観察像

しては均質で，切削状態も良好であるといえよう．

3.4 超音波切削による規則テクスチャ生成

　物体表面へ意図的に凹凸を形成する作業は，古くから行われている．たとえばきさげ作業の例が挙げられる．きさげ作業は，「きさげ」と呼ばれる刃具を加工面に押し込み，面のうち最も突出した個所を微小に削り取る作業を繰り返し行う．これにより，面の最も突出した個所の分布が均等となり，面全体の平坦度が向上する．それと同時に，きさげを施した面には微細な凹凸が無数につけられることになる．きさげ面を摺動面として用いると，無数につけられた凹凸の窪みが油だまりとなり，摺動性能が向上することが知られる．きさげは工作機械の案内面などに施される．

　以上のように，物体表面に意図してテクスチャを付けることで新たな機能を面に持たせることができる．そのため，各種加工技術を応用し，表面機能を向上させる研究が最近注目されている[7〜9]．その一つとして，超音波振動切削による手法をここで紹介したい．

　図 3.13 に示した超音波切削装置による事例を説明したい．この実験装置の超音波振動装置を駆動し切削刃物に超音波振動を与えると，刃先は主に主分力方向に周期的に振動する．このとき，刃先が切削方向に対し垂直方向，たとえば加工物に食込む方向（背分力方向）に振動しているならば，加工物に振動の軌跡が転写され凹凸模様が加工面に生成される．また，与える振動が周期的かつ加工物と刃先の相対速度が一定であるならば，加工物には周期的な凹凸が形成させることになる．

　以上の理論より，実際に SUS304 丸棒に対して超音波切削を行った試験片の外観写真と顕微鏡観察写真を図 3.16 に示す．超音波切削面は，慣用切削面に比べ，光沢が鈍くなっている様子がわかるほか，円周方向に対して周期的な模様が生じていることが確認できる．この面の高さ分布を分析するために，レーザ顕微鏡を用いて観察した．図 3.17 にレーザ顕微鏡観察像を示す．観察の結果，超音波振動なしの慣用切削では，送りピッチによる凹凸が発生していることが確認できるが，超音波切削ではさらに円周方向にも凹凸が生じ，いわゆるディンプル状の模様が全面的に生じていることを確認した．

　超音波切削により，周期テクスチャを形成できることを確認した．こ

の面がトライボロジー特性にどのような影響を与えているのかを検証した．図3.18にトライボロジー特性試験の実施方法を示す．試験対象は，SUS304の外丸切削面である．この面に別に用意したSUS303の円筒ピンの端面（研磨仕上げ）を4.9Nの荷重で押し当て，油中に浸漬させた状態で円筒ピンを長手方向にストロークさせ，長手方向の荷重（摩擦力）をロードセルで計測したものである．以上により行った実験結果を図3.19に示す．これは，試験中の摩擦力変動を時間軸で見たものである．試験中は押し付けピンが長手方向に往復運動するため，摩擦力の値が正

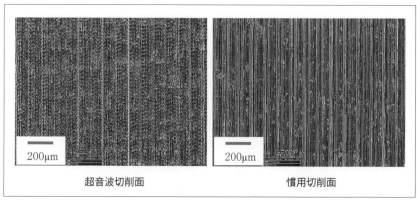

〔図3.16〕切削面の光学顕微鏡観察像

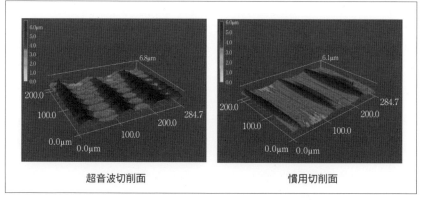

〔図3.17〕切削面のレーザー顕微鏡観察像

負反転を繰り返す．振動なしの試験片による試験では，摩擦力の変動が大きいことがわかる．それに対し，超音波ありの切削面では，摩擦力の変動が極めて少ないことを確認した．実験結果を，各ストロークにおける平均摩擦係数と最大摩擦係数に置き換えたものを図3.20に示す．この結果をみると，超音波切削面がいかに摩擦係数の変動が少ないかが見て取れる．つまり，超音波切削で製作された部品では，俗に言う「馴染み」の期間がなく，組み立て後すぐに本来の性能を得られると考えられる．

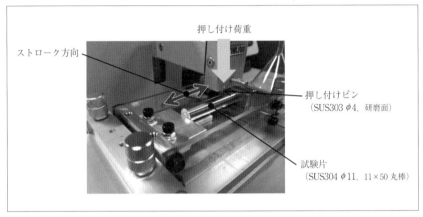

〔図3.18〕トライボロジー特性試験の実施方法（実験協力：東北大学堀切川研究室）

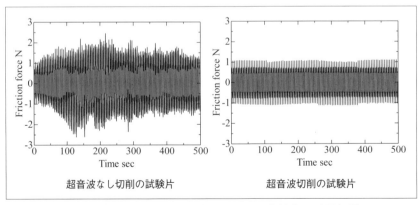

超音波なし切削の試験片　　　　　　超音波切削の試験片

〔図3.19〕トライボロジー試験の結果～摩擦力の時間経過

また，トライボロジー試験を行った後の試験片を観察すると，超音波切削面の摩擦痕が確認されないことを認めた．このことから，加工面の硬度が超音波振動による押し込み効果により向上していると考え，加工面のマイクロビッカース硬度試験を行った．硬度試験は，試験荷重 100gf の Hv0.1 試験により行い，5 回測定した平均値と標準偏差を求めた．硬度試験結果を図 3.21 に示す．試験の結果，超音波切削面は超音波なし・慣用切削に比べて，表面硬度が高まっていることが確認できた．これは，背分力方向の力が加工物表面を押し込むことによって，加工物表面に圧縮の残留応力が発生することで表面硬度が高まったと推測できる．

　以上の結果から，超音波切削は摩擦特性などのトライボロジー特性が向上した面が得られる，表面の硬度を向上できるなど，付加価値を持つ加工面を形成できる可能性を有することを確認している．

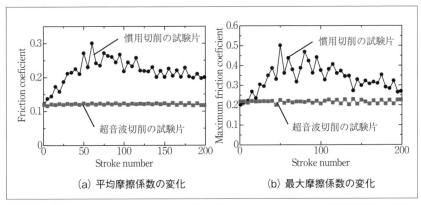

〔図 3.20〕トライボロジー試験の結果～各ストロークにおける摩擦係数の変化

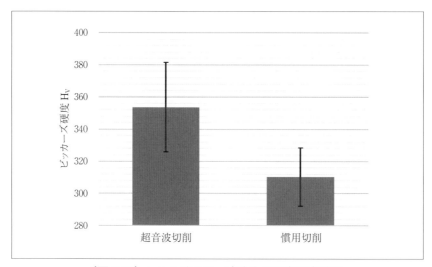

〔図3.21〕トライボロジー試験片の硬度測定結果

3.5 超音波異形シェーパー加工

　自動車部品の製造等においては高度な切削加工技術が必要とされる．これは，加工品位・加工速度・コスト等の要求を総合的に満たさねばならず，このため加工技術について多くの研究・開発が行われている．今日，過酷な価格競争が行われており，今まで以上に安全面・品質面に優れた製品を安価に製造するため，高度な製造技術が強く求められている．

　本研究では自動車部品加工向けの異形加工用シェーパー型工具の開発およびこれを用いた加工技術の構築を目指す．通常，自動車に使用されるモータ等の銅合金製の整流子（コンミテータ）は，専用機とダイヤモンドバイトを用いた旋削で仕上げ切削される．しかし，旋削で螺旋状に加工されることによる整流子・ブラシ間の振動がスパーク等につながり，製品の寿命に大きく影響を与える．また加工で発生した針状の細かい切りくずが製品に噛みこむ可能性が高く，これが絶縁不良を引き起こすことが懸念される．

　以上のように，断続円形物の旋削加工では様々な問題が引き起こされるため，これをシェーパー加工による異形加工に置き換えることを提案する．通常の異形切削では，切込を徐々に増やしていくブローチのような工具を用いる手法が一般的である．しかし，工具が長くなるため，加工物との干渉の恐れがあること，工具の価格が高い，再研磨が困難などの問題点がある．ここでは，工具に超音波振動を付与したシェーパー加工を提案する．シェーパー加工は切削形態として最も簡単な手法のため，工程の簡素化が図れるほか，工具に振動を付与することにより加工抵抗を低減し，ワンパスで所望の形状に仕上げる可能性が期待される．シェーパー加工の形状は，丸型，楕円型，角型，スプライン，ねじり溝などが期待できる．

　図 3.22 に，設計した実験装置の概要図を示す．本装置は，ステッピングモータとボールねじで駆動される直動機構から構成され，移動ステージ側に加工物を，固定側に異形シェーパー工具が取り付けられる．被削材は銅合金を想定し，モータおよびカップリングの選定にあたっては，加工時に受けると考えられる切削抵抗を理論的に計算して求めた．理論

計算に用いた設定加工条件を表 3.3 に示す．

　本研究では，異形切削工具を超音波領域で縦振動させて超音波切削を行う必要がある．そのため，切削工具としての形状を有しながら，縦振動モードで共振する形状の設計を行った．設計した工具の概要図と有限要素法による固有振動解析の結果を図 3.23 に示す．今回は，固有振動数が 28kHz のボルト締めランジュバン振動子（本多電子 HEC-2528P4B）を用いるため，1 次縦振動モードの固有振動数が 28kHz となる形状を検討した．工具材質は高速度工具鋼（SKH55）とした．図 3.23 から，理論上仕様通りの振動が得られることを確認できた．

　製作した異型シェーパー加工工具をボルト締めランジュバン振動子に

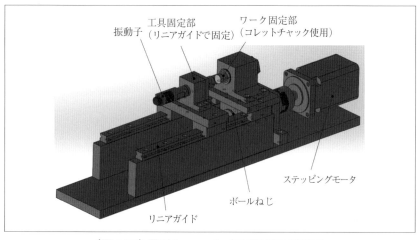

〔図 3.22〕異形シェーパー加工装置の概要図

〔表 3.3〕理論計算に用いた切削条件

被削材材質・寸法 ・せん断強さ	銅合金 , D = φ20mm τ_s =300MPa
工具すくい角	γ = 5deg.
予想せん断角	φ = 35deg.
摩擦角	β = 30deg.
切込深さ	t_1 = 0.5mm
ボールねじ　　・有効径 　　　　　　　・リード	d = 20mm P_h = 5mm

連結し，駆動させ切削実験を行った．被削材の切りくずへの変形を容易化するため，被削材は連続した円形状ではなく，断続した円形状とした．加工物の断面形状を図 3.24 に，切削条件を表 3.4 に示す．

　テフロン樹脂と黄銅 C3604 に対し，異形シェーパー加工試験を行った．切削面の外観写真を図 3.25 と図 3.26 に示す．いずれも，製作した装置，開発手法により切削することが可能であった．また，C3604 加工面の顕微鏡写真を図 3.27 に示す．切削面粗さを測定した結果，算術平均粗さ

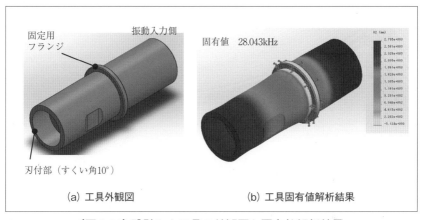

(a) 工具外観図　　　　　　　　(b) 工具固有値解析結果

〔図 3.23〕設計した工具の外観図と固有値解析結果

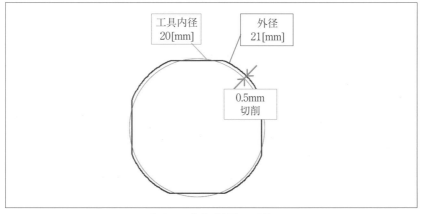

〔図 3.24〕切削断面形状

で 0.94μmRa, 最大高さ粗さで 4.59μmRz となり, 一般的な切削面程度の表面粗さを得ることができた. また, 切削後の工具に目立った損傷は見られなかった. なお, 超音波振動なしでは切削抵抗が大きく, 全く切削することができなかった.

本研究では, 超音波振動異形シェーパー加工を行う実験装置, 工具を開発, 切削実験を行い次の結果を得た.

・銅合金の異形シェーパー加工を行う装置を設計, 製作した.

・本開発手法により, テフロン樹脂および黄銅 C3604 の異形シェーパー加工ができることを確認した. また, このとき工具の目立った損傷

〔表 3.4〕切削条件

被削材材質	銅合金 C1100, C3504
工具 ・すくい角 ・逃げ角 ・加工径	高速度工具鋼製 $\gamma = 10$deg. $\alpha = 2$deg. 20mm
送り速度	$f = 12$mm/min
切込深さ	$t_1 = \sim 0.5$mm
超音波振動	周波数 27.95kHz 振幅 5μm

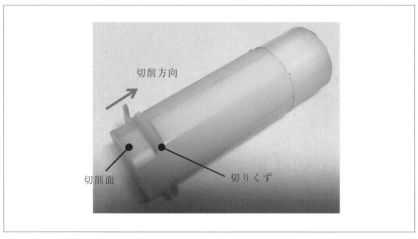

〔図 3.25〕テフロン樹脂の異形シェーバー加工結果

も確認されなかった.

　以上より，本手法による異形形状加工の容易化が可能になると考えられる.

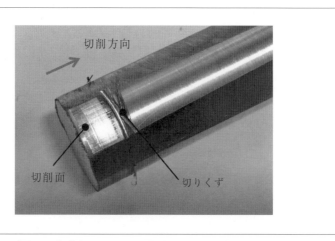

〔図 3.26〕黄銅 C3604 の異形シェーバー加工結果

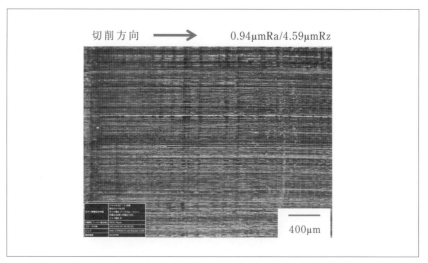

〔図 3.27〕黄銅 C3604 の異形シェーバー加工面の顕微鏡観察写真

参考文献

1）隈部淳一郎：精密加工 振動切削－基礎と応用－，実教出版（1979）.

2）日本塑性加工学会編：超音波応用加工，森北出版（2004）.

3）Keisuke Hara and Hiromi Isobe：Effect of Cutting Speed on Ultrasonically Added Turning in Soft Magnetic Stainless Steel, Advances in Abrasive Technology XVIII, pp. 390-393 (2016)

4）Keisuke Hara, Ryo Sasaki, Toshihiko Koiwa and Hiromi Isobe：A study of ultrasonically added high speed turning for stainless steel - The effects of ultrasonic oscillating direction and chip breaker shape and material -, Advances in Abrasive Technology XVII, pp.373-376 (2014)

5）原圭祐, 磯部浩已, 小岩俊彦, 岳義弘：超音波振動援用高速切削に関する研究（第 1 報），2011 年度精密工学会春季大会卒業研究発表講演会，pp.741-742 (2011)

6）原圭祐, 磯部浩已：超音波振動援用高速切削に関する研究（第 3 報）－ステンレス鋼の主分力方向振動切削－，2013 年度精密工学会秋季大会学術講演会講演論文集，pp.805-806 (2013)

7）Yuan-Liu Chen, Shu Wang, Yuki Shimizu, So Ito, Wei Gao and Bing-Feng Ju：An in-process measurement method for repair of defective microstructures by using a fast tool servo with a force sensor, Precision Engineering, 39 (2015) 134.

8）Zhang R. Steinert P. and Schubert A.：Microstructuring of surfaces by two-stage vibration-assisted turning, Procedia CIRP 14 (2014) 136.

9）辻和孝, 海部隼弥, 井原之敏 ：ミルターニング加工における加工模様に関する研究，精密工学会学術講演会講演論文集 2016A(0), 693-694, 2016

(((4.)))

回転工具による機械的除去加工

スピンドルに工具を取り付けて，被削材を機械的に除去する加工方法として，ドリル加工，エンドミル加工，各種研削加工など，さまざまな加工方法が分類される．したがって，市場要求として，さまざまな難削材が回転工具による加工対象である．そのため，工具の観点からは，工具形状や材質，コーティングの改良，工作機械の観点からは，高回転スピンドルの開発や機械の高剛性化やびびり振動の抑制，また切削液の種類や供給方法の開発などのアプローチで対応が日進月歩で進んでいる．しかし，回転工具であるために，回転中心における切削速度がゼロとなる問題は避けることができない．そのため，工具のチゼル形状を工夫したり，回転中心部での加工を避けるため工具回転軸を送り方向に対して傾けたりすることがある．また，切りくず排出性を向上させるために，カッターパスによってヘリカル運動させるなどが考えられるが，たとえばドリル工具での深穴加工においては，カッターパスによる対応はできないので，穴底部からの切りくずの排出が潜在的な問題となる．本章では，ドリル加工および回転軸を有する砥石を用いた形彫り加工における超音波振動の効果について述べる．

4.1 超音波スピンドルの構成および特性
4.1.1 装置構成

工作機械におけるスピンドルは，チャック部に取り付けられたエンドミル，ドリルや研削砥石などの軸付き回転工具を回転させながら除去加工を行うための機械要素である．高精度な加工を高能率に実用化するには，高い回転精度と高い回転速度という，相反する特性を両立しなければならない．また，加工の自動化のために，工具の脱着も容易でなければならない．さらに超音波スピンドルには，上記の要求の他に，工具を適切な振動モードで励振しなければならない．図4.1は，超音波スピンドルの内部構造の一例の概略図である．ホーンを兼ねるスピンドル～工具ホルダ～回転工具までの振動系が，他端に取り付けられた BLT によって励振される．BLT への給電は，一般的にブラシによって行われるが，高速回転を実現するために電磁誘導を応用した非接触給電方法の開発[1]

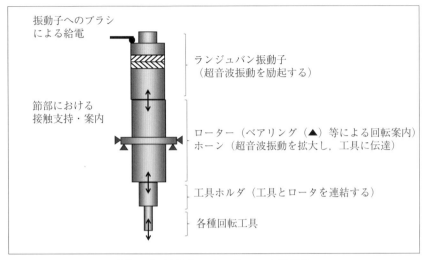

〔図 4.1〕超音波スピンドルの内部構造

も進められている．超音波スピンドルとして特別な要求は，超音波振動
しているロータの振動を，ベアリングやハウジングに伝えないことであ
る．もし，ベアリングが超音波帯域で強制振動されれば，転動体とイン
ナー／アウターレース間での超音波振動によって，許容できない摩耗が
短時間で発生することは容易に想像できる．また，ハウジングが励振さ
れれば，スピンドルが取り付けられている工作機械に振動が伝播して，
工作機械の案内部に影響を与えるとも考えられる．そのために，超音波
帯域で共振するロータにおいて，振動しない節部を設け，ここにベアリ
ングを配置するように，厳密に設計しなければならない．図 4.2 は弾性
案内等を介してロータを支持する実用的な機構の例である．超音波振動
帯域よりも十分に固有振動数を低くすることで，ロータの超音波振動を
工作機械本体から機械的に絶縁するとともに，加工装置に要求される機
械剛性を実現している．

4.1.2 静圧空気案内を用いた超音波スピンドル

一方，図 4.3 はロータを静圧空気案内によって支持したもの [2] である．
静圧空気案内は，空気を介しての案内機構であるために機械的な剛性が

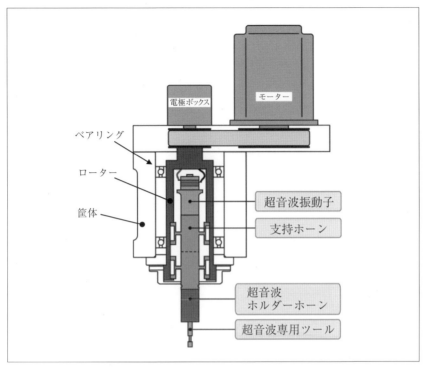

〔図 4.2〕弾性体によるロータの支持方法の例（(株)岳将）

低くなる欠点をもつが，平均化効果（静圧空気案内による浮上量が，軸や軸受面の幾何誤差に比較して厚いために，形状誤差の平均的な成分が運動に影響を与えることになる．この結果，幾何誤差よりも相対的に高い運動精度が得られる効果のこと）によって，案内面の幾何誤差の影響を低減することで，一般的に高精度な案内を実現できる．スピンドルの節部には，アキシャル荷重を支持するベアリングを構成するためのフランジを設けた．ラジアルベアリングとしては，ロータ外周面の広い範囲を，直接的に空気静圧案内で支持する構造とした．これは，静圧空気案内の平均化効果や，空気を介した低いばね定数と質量の大きなロータからなるサイズモ系によって，ロータからの振動をハウジングに対して絶縁できると考えたためである．図 4.4 は，静圧空気案内を持つ超音波ス

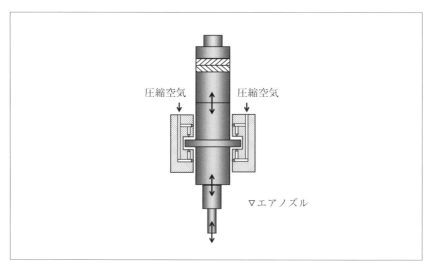

〔図 4.3〕超音波スピンドルの内部構造　空気案内によるローターの支持案内

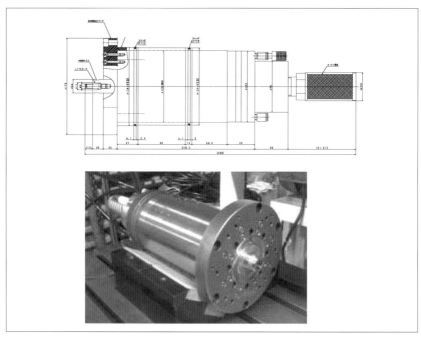

〔図 4.4〕空気案内超音波スピンドルの外寸および概観写真

ピンドルである．主要緒言を表4.1に示す．ハウジング外径 $\varphi130$ で，小型〜中型のマシニングセンタに搭載できる．特筆すべきは，ラジアル剛性 3.5N/μm，スラスト剛性 13N/μm，最高回転速度 20,000rpm という，超音波スピンドルとしては高い機械剛性と回転速度を実現した点である．また，静圧空気案内であるので，ロータ端面における静的振れまわりをサブマイクロメートルのオーダにおさえることができた．これらの特長は，金型などに用いられる超硬合金や焼き入れ鋼などの高硬度材を，高精度に加工するために有効である．

４．１．３　工具の取り付け方法

　加工装置として工作機械への工具の取り付けは，簡便かつ高精度でなければならない．そして，特に超音波加工機においては，BLT，スピンドル，ホルダおよび工具からなる振動系が安定かつ高い再現性で実現されなければならない．ホルダが工具を把持する方法としては，スリットを有するホルダを締め付けボルトによって弾性変形させて工具シャンク部を把持する方法（図4.5（a））がある．弾性変形量は締結トルクで管理されており，スピンドルのみならず，超音波カッターにおけるカッター刃の把持などでも広く用いられる．ホルダを製作しやすく，簡便に取り付けできる特長をもつが，締結トルクのばらつきや弾性変形の不均一さなどが生じるため，安定した工具取り付けには作業者の一定以上のスキルが必要となる．一方，上述の空気静圧案内型の超音波スピンドル装置においては，工具は焼きばめ式の高精度工具ホルダ（図4.5（b））を介してスピンドルに取り付けられる．焼きばめ式は，熱膨張によって拡張し

〔表 4.1〕スピンドル緒言

定格回転数・・・・・・・・・・・・	20,000rpm
静的振れまわり・・・・・・・・・・	0.6μm
エアベアリング供給圧・・・・・・・	0.5MPa
エアベアリング流量・・・・・・・・	130Nl/min
タービン供給圧・・・・・・・・・・	0.45MPa
タービン流量・・・・・・・・・・・	200Nl/min
ラジアル剛性・・・・・・・・・・・	3.5N/μm
スラスト剛性・・・・・・・・・・・	13N/μm

た取り付け穴に工具のシャンク部を挿入した後に常温まで冷却すると，熱収縮によって工具のシャンクを均一な圧力で把持できる．そのため，作業者のスキルに影響を受けずに，高い精度と再現性で工具を取り付けできる長所がある．工具を把持しているホルダとスピンドルは，その端面とインロー継ぎ面の二面拘束によって，高精度かつ高い再現性で工具交換を可能にしている．

4.1.4 励振方法および振動特性

　本研究で製作した超音波スピンドルの励振可能周波数は39.5 〜40.9kHz である．すなわち，スピンドルに工具ホルダ・工具を取り付けた振動システム全体での共振周波数が，励振可能周波数内に収まっていなければ発振しないだけでなく，投入された電力は熱に変換され，工具の折損やスピンドルの破損に直結する．工具を含めたスピンドル系の共振周波数は，工具の材質，質量，形状，ホルダ先端からの突き出し長さなどによって変化する．したがって，スピンドルの共振周波数を駆動周

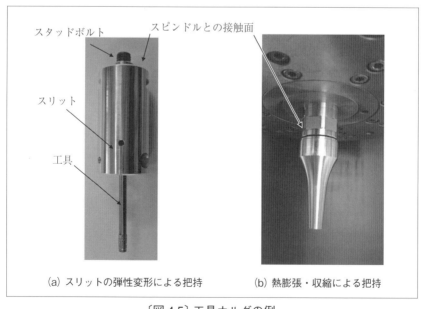

（a）スリットの弾性変形による把持　　　（b）熱膨張・収縮による把持

〔図 4.5〕工具ホルダの例

波数の範囲内に収めるには，工具の直径や形状に応じて突き出し長さを調整し，工具先端の振動振幅を計測したり，振動モードを把握しておく必要がある．

　ここでは，工具先端の軸方向振動振幅は，レーザドップラ振動計とフリンジカウント変位計を組み合わせて測定した．図 4.6 (a) に振動振幅測定方法の概要を示す．レーザ光が測定対象面となる工具端面から軸方向に正反射するように，ドリルのチゼル部をリューターでわずかに削り落として平坦にしたダミードリルを測定対象とした．工具振動振幅の調

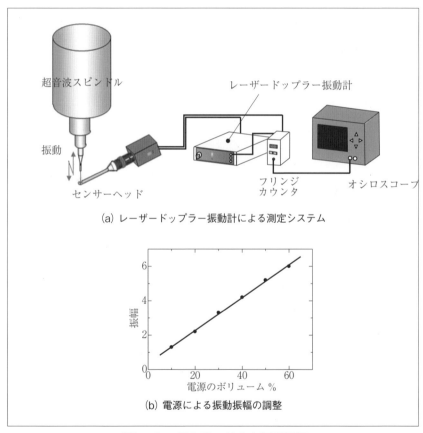

(a) レーザードップラー振動計による測定システム

(b) 電源による振動振幅の調整

〔図 4.6〕工具先端の軸方向振動振幅

整はアンプのボリュームで行う．このボリュームには 10% から 100%
までの相対値としての目盛りが刻まれている．そこで，ボリューム値
10%〜60% の範囲に対する工具先端の振幅を行った．測定結果を図 4.6
(b) に示す．これより，ボリューム値 10% では振幅 1.3μm，60% では
6.0μm が得られ，軸方向の振動振幅はボリューム値に比例して大きくな
ることがわかった．また，超音波振動の周波数 40kHz を超える高周波
成分は検出されなかった．注意すべきは，ボリューム値に対する振動振
幅の大きさは，工具形状や突き出し長さ等によって変化するものであり，
工具毎に両者の関係を測定する必要がある．

4.2　小径ドリル加工への応用

4.2.1　小径加工に対する要求と問題

　ドリル加工は，機械加工における基本的な加工方法の一つであり，旋盤と同様に回転運動に基づく除去加工技術である．大〜中程度の穴加工技術として発達し，加工速度や精度も大量生産において十分であるので，広く一般的に用いられている．図4.7は，穴あけ加工に要求される特性や問題である．機械的除去加工である小径ドリル加工に要求される穴には，大きなL/D比と精度の高い幾何形状が要求される．また，クロス穴や傾斜面への加工など，難易度の高い小径ドリル加工に対しての要求は，より厳しいものとなっている．

　穴あけに用いられるドリル工具は，先端部のすくい面が回転運動することによって，連続的に切りくずを創成すると同時に，一般的にはらせん状のフルート部から切りくずを穴底部から排出する．回転切削工具の特徴として，切削速度は半径と回転数（単位時間あたりの工具回転回数）に比例することである．すなわち，当たり前のことであるが，回転運動によって切削速度を生むので，チゼルエッジとなる回転中心部は切削速度がゼロとなり，被削材を切削する能力はもたず，被削材を回転中心部からすくい面へ押し出す仕事をするため，大きな切削抵抗や切削熱にさらされることなる．さらに，加工が進展して穴が深くなっていくと，穴

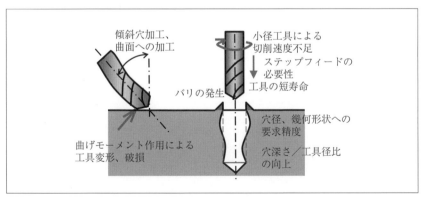

〔図4.7〕ドリル加工に対するさまざまな要求

底部には切削液が届きにくくなるために，切削液による冷却や潤滑の効果が低くなるだけでなく，切りくずの排出性も低下[3]していく．また，特に小径工具においては，工具の曲げ剛性が飛躍的に低下（円柱の曲げ剛性は，円柱半径の三乗に比例）するので，加工抵抗によって折損しやすく[4]なる．十分な切削速度を用いて切削抵抗を下げるためには，高速回転対応のスピンドルが不可欠である．さらに，小径加工用のスピンドルに対しては，相対的に高い回転精度（振れまわり）が要求されることになる．

　表4.2は，超音波ドリル加工，慣用ドリル加工，および放電加工やレーザ加工などに代表される特殊加工の長短所の比較である．放電・レーザ加工は，マイクロメートルオーダの極小径穴を高速で加工できる技術であるが，直径に対する深さ（L/D比）が大きくなると，焦点位置の影響で穴の円筒度が低下する．加工変質層やダレの除去のために二次加工が必要な場合が多い．また，加工速度が遅く，装置の価格も高いために，加工単価も高くなる．そのため，可能であればドリルによる切削加工を適用し，加工単価を下げたい要求がある．慣用ドリル加工は，一般的な加工方法として広く普及しており，加工単価は非常に安い．しかし，難削材加工や小径加工に対しては，適用が困難である．超音波ドリル加工は，慣用ドリル加工と特殊加工の適用領域の中間に位置する加工技術であると考えられる．

〔表4.2〕各種穴あけ加工

	超音波加工	慣用（無振動）加工	放電・レーザ加工
加工穴径	○小径	×大〜中程度	◎極小径
加工単価	○安い	◎非常に安い	×高い
相対加工精度	○一般	◎高精度〜○一般	×悪い
加工速度	○速い	◎速い	×遅い
二次加工の必要性	○バリの発生が抑制され，除去も容易	×バリの除去が必要	×加工変質層の除去や精度向上のため必要
被加工材	一般〜難削材向け	一般材料に適用可能	主に難削材が対象
装置価格・維持	○普通	◎安い〜普通	×高い
量産性	○比較的広範に対応	◎広範に対応	×少量〜○量産対応

4.2.2 ドリル加工における超音波振動の効果と加工事例

　回転するドリル工具が，軸方向に振動しながら切りくずを創成している状態を考える．図4.8は，主切れ刃の切削状況の模式図であり，工具の回転運動を水平方向運動として投影している．回転運動方向と超音波振動の運動方向は直交しているので，二次元切削における背分力方向振動切削（第2章参照）に相当する．したがって，すくい角の絶対値が小さい場合や，回転速度が非常に速い場合には，切れ刃と被削材が接触し続ける連続接触状態となる可能性がある．

　超音波振動によって，切りくずを引き上げる効果や，周期的に切り取り厚さが変化することによる切りくずの分断効果が期待できる．また，振動するフルート面では，切りくずとの摩擦係数が低減する．これらの効果は，ドリル加工において，穴底部となる加工点から切りくずを効率的に排出することになる．図4.9は，超音波ドリル加工で期待される様々な効果である．ドリル工具に代表されるような回転工具は，工具中心部の切削速度がゼロとなる本質的な特徴がある．ところが，軸方向への縦振動モードの超音波振動によって，回転工具中心部は振動することになる．軸方向振動は，被削材に食い込む運動となるので，つちうち運動やチゼル運動と呼ばれる．一般的に，ドリル工具はチゼル部から被削材に接触するため，切削能力を持たないチゼルが横滑りしないように，セン

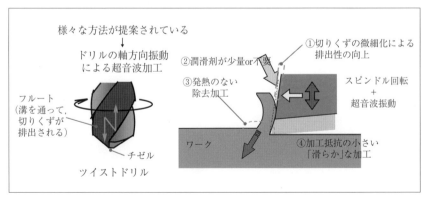

〔図4.8〕超音波ドリル加工の模式図

タ穴を設けることが多い．しかし，つちうち運動によって食いつき性が
向上すれば，被削材との擦過によるチゼル部の摩耗抑制，センタ穴の加
工工程を省くことによる生産性向上，加工穴の真直度が向上することに
よる加工精度向上が期待できる．ここで，具体的な加工条件を例に挙げ
て考えてみる．直径 0.5mm の小径ドリルにおいて，スピンドルの回転
数を 10,000rpm とする．工具外周部の周速度は，半径×角速度で求めら
れるので，0.25 mm × 10,000 rpm × 2π =15.7 m/min となる．一般的には，
鋼系材料では 30m/min，アルミニウム合金では 60m/min 程度の切削速度
が適切である．すなわち，上記の例では，工具径が小さいために，切削
速度が不十分であるので，スピンドルの回転数を二倍にしなければなら
ない．また，上記の計算例は，ドリル外周切れ刃での切削を考えている
が，工具回転中心部での周速度はゼロとなる．このように回転運動して
いるドリルに対して，軸方向に超音波振動（周波数 60kHz，振幅 2μm）
が重畳されている状態を考えてみる．外周部の切れ刃においては，回転

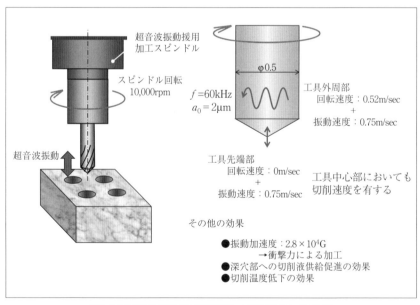

〔図 4.9〕超音波振動援用加工で期待される効果

による周速度と超音波振動による軸方向振動速度が重畳した運動となり，背分力振動切削による効果を期待できる．超音波振動の瞬間速度は，時々刻々と変動するが，その瞬間最大速度は，振動振幅×角周波数で求められる．すなわち，$2\,\mu\mathrm{m} \times 60\ \mathrm{kHz} \times 2\pi = 0.75\ \mathrm{m/s} = 45\ \mathrm{m/min}$ となる．これは，前述の例で挙げたドリル外周の周速度に比して約３倍もの振動速度が得られることになる．外周速度は工具径に比例するので，小径工具ほど周速度は低下して切削加工が困難になるのに対して，振動速度は工具径とは無関係なため，超音波振動の加工特性向上の効果は小径工具ほど大きくなることがわかる．

　超音波スピンドルの開発事例として，金井ら（industria，2009年精密工学会春季大会講演論文集 p.993 など）は，超音波高速スピンドルを開発し，市販のドリル工具を用いて多くの加工データを示している．神（日本工大）ら（機械の研究，58（4），p.441-，2006 や砥粒加工学会誌，49（2），p.90-，2005 など）は，ドリル工具による穴あけ加工ではなく，小径ボールエンドミル加工において振動を援用することで，金型の形彫り工程に使用する切削抵抗の減少効果などの優位性を明かにしている．鬼鞍，大西ら（九州大，2009年精密工学会春季大会講演論文集 p.995 など）は，フラットドリルを機上で成形して，難削材への加工を行っている．しかし，回転軸系の高精度化のために，被削材を超音波振動する加工形態である．海外における超音波振動ドリル加工に関する研究（たとえば，G.L. Chern, J.M.Liang: Study on boring and drilling with vibration cutting: Int. J. of Mach. tools and Manuf., 47 (2007) 133-140 や V.I. Babitsky et al: Ultrasonically assisted turning of aviation materials: Simulations and experimantal study, Ultrasonics 42 (2004) 81-86 など）は，主に旋削においてバイトを様々な周波数や振動モードで振動させながら加工し，そのときの加工現象を理論的，解析的に究明している．これらの研究のコンセプトは，主に航空・宇宙産業や半導体製造関連産業において利用される「慣用加工では成形不可能な難削材」を切削加工する技術開発である．

【インコネル加工事例】

　耐熱合金，特にニッケル基合金は耐熱性，耐食性に優れている．イン

コネル 600 はニッケル含有量が高いため多くの有機物質と無機物質の化合物の腐食に対して耐食性に優れた材料であり，宇宙・航空機分野でエンジンや化学プラント等で利用されている．これらは，熱伝導率が悪く切削点温度が高温になりやすい，加工硬化が生じやすい，親和性が高いために凝着が生じやすい，切りくずの分断性が悪いなどの理由から，一般的に非常に切削性が悪い．そこで，インコネルの微細ドリル加工の適用可能性について，実験的に検証する．

　本実験で用いる試料は，ワイヤー放電加工によりブロック材から切り出した後に，その表面を研削加工して，表面粗さが加工特性に影響しないようにした．試料のビッカース硬さは HV209 であり，メーカ仕様値との差が 10% 以内であったため，放電加工による熱影響層は除去されたものと考えられる．工具は直径 0.3mm の超硬ツイストドリルで表 4.3 に加工条件を示す．なお，加工前のセンタ穴の揉みつけは行わない．工具シャンク部の静的な振れ量は 3μm 以内であった．

　超音波振動援用加工の効果と切削油による影響をみるために，①不水溶性切削液をノズルで加工点近傍へ噴流状態で十分な量を供給するウェット加工と②圧縮空気中に不水溶性切削液（Bluebe LB-10）を微量だけミスト化して吹き付ける MQL 加工とを比較した．加工結果を図 4.10 に示す．①ウェット加工においては，慣用加工で 79 穴，超音波振動援用加工で 20 穴まで加工できたのに対し，② MQL 加工では慣用加工で 338 穴，超音波振動援用加工で 302 穴まで加工できた．これより，切削油の給油方法によって工具寿命に大きな影響があることがわかった．高速度カメラによる切りくず排出状況の撮影，および折損した工具を些細に確認し

〔表 4.3〕インコネル 600 に対する加工条件

ドリル	超硬ソリッド φ0.3 mm
回転速度	3,000 rpm
チップロード	2 μm/rev
ステップ送り量	0.1 mm
加工深さ	2 mm
振動周波数	40 kHz
切削液供給	Wet / MQL

た結果，①ウェット加工では，工具に切りくずが絡み付き，折損に至ることが確認された．一方，②MQLにおいては，圧縮空気によって切りくずが吹き飛ばされることで，工具への絡みつきを防ぐことを確認した．すなわち，超音波振動の有無には関係なく，MQLによる切りくず除去効果は不可欠であることがわかった．

　次に10個の穴を連続で加工した．図4.11は加工穴1，5，10穴目のSEM画像を示す．慣用加工の1穴目は25.4 μmのずれが生じている．5，10穴目では1穴目よりもさらにずれが大きく，5穴目では83.4 μm，10穴目では29.2 μmだった．慣用加工では食い付き性が悪く，SEM撮影像からはすべての穴において，明確なずれが確認された．振動がない場合には，チゼル部は被削材とこすり合うため，激しい損耗が発生する．そして，高温の切りくずが通過するフルート面には，まだら状の凝着が見られる．一方，超音波振動加工においては，チゼル部の摩耗は少なく，凝着も少ない．さらに，フルート面の凝着もほとんどみられないことから，摩擦係数の低減のみならず，加工熱も低下していると予想される．また，ドリルの食い付き性がよく，入り口部にずれのない穴あけが実現できた．

　チップロードを20 μm/revとし，単位時間あたりの除去体積を10倍にした．加工結果を図4.12に示す．切削油供給方法には上述で良好な結果が得られたMQL加工を用いた．低チップロードでは，300穴を超

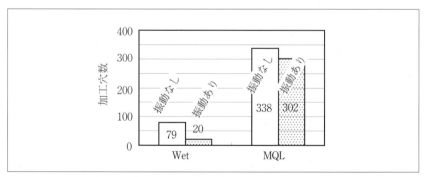

〔図4.10〕切削液供給方法による加工可能穴数

える加工が可能であった慣用加工においては，平均10穴程度しか加工できなかった．その一方で，超音波振動援用加工では約140穴もの加工

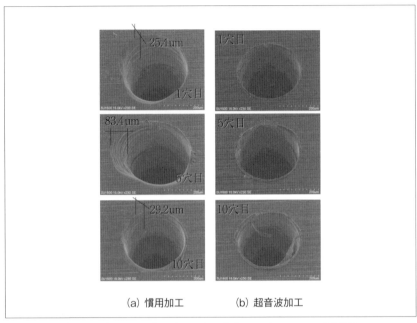

(a) 慣用加工　　　(b) 超音波加工

〔図 4.11〕インコネル加工時の穴入り口部の SEM 撮影像

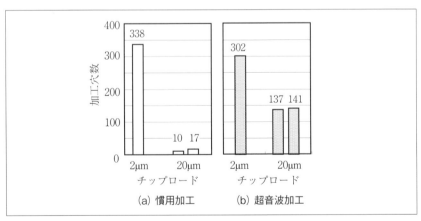

〔図 4.12〕チップロードによる影響

が可能となった．すなわち，慣用加工に比べて，超音波振動はチップロードによる影響を少なくする効果とともに，より高い生産性を実現できることが確認された．

　図4.13に加工穴毎の加工中のスラスト力の平均値を示す．1〜10穴については1穴毎，それ以降については10穴毎の値を示している．なお，慣用加工においては，11穴目で折損している．超音波振動を援用することによりスラスト力が低減し，スラスト力のばらつきを抑えられることが確認できた．このことからチップロードが20μm/revと大きい場合，慣用加工ではスラスト力が大きくなり，ドリルが早く折損してしまうが，超音波振動を援用することでスラスト力が低減することがわかった．また，チップロード2μm/revは，超音波振動振幅と同程度であり，切れ

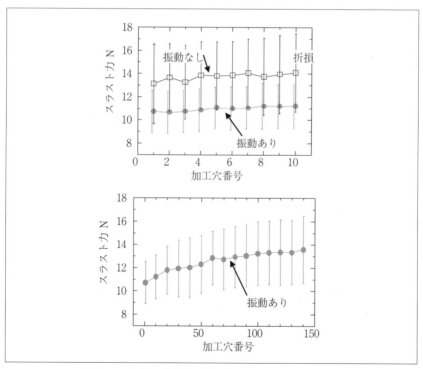

〔図 4.13〕加工進展にともなうスラスト力の変化

刃と被削材間は断続接触となる期間が存在する．一方で，チップロード20μm/rev は振動振幅よりも 10 倍も大きい値であり，切れ刃と被削材間は連続的に接触する状態となるにもかかわらず，振動による効果が顕著にあらわれた．

【純チタンに対する多穴加工】

チタンは，比強度が高く，非磁性であり，耐食性，耐熱性，耐寒性，疲労性に優れた，理想的な金属材料である．航空・宇宙産業，化学プラント，真空装置，装飾産業，医療関係を中心に使用され，今後も多くの分野での需要が見込まれている．しかし，チタンは一般には難削材と言われている．これは，チタンの熱伝導率が小さいことから，工具切れ刃の温度が高くなり，摩耗が早いためである．そこで，純チタンに対して多穴加工を実施して，加工特性を比較検討する．加工条件を表4.4に示す．

ドリル加工穴の入り口側の SEM 撮影像を図 4.14 に示す．ここで，(a)は慣用（無振動）加工，(b) は超音波振動援用加工によるものである．左下から加工が始まり，最後は右上の 210 穴まで加工を実施した．また，特に加工開始直後の 1 穴目，実験終了時の 210 穴目，および特徴的な穴については，斜方から拡大して示した．純チタンは粘いために切削性が悪い素材の一つであり，工具の切れ味が悪い場合には，塑性変形が大きくなり，バリも大きくなる傾向にある．そのため，無振動加工においては，強固なバリを有する穴が散見される．それに対して，超音波振動を援用すると，加工された穴のすべてで，目立ったバリは確認できなかった．さらに，拡大図においても，ほとんどバリを確認することができない．これは，超音波振動によって，切れ味が向上したと考えられる．

〔表 4.4〕純チタンに対する加工条件

ドリル	超硬ソリッド φ0.5mm
ワーク	純チタン 板厚 4mm
送り速度 f	1000mm/min
回転速度 n	15,000rpm
チップロード	33.3μm/rev
ステップフィード	10μm
穴深さ	貫通(500 ステップ)

次に，図 4.15 に加工前後のドリルの先端部分を軸方向から見た SEM 撮影像を示す．これより，超音波振動の有無による工具の摩耗状態が比較できる．慣用（振動なし）加工の場合には，強固な凝着物が確認される一方，超音波振動加工では摩耗が急速に進んでいる．これより，バリの抑制効果を期待して，ドリルが抜ける直前にのみ超音波振動を付与することで，工具寿命とバリの抑制を両立する手法も考えられる．

　図 4.16 は加工された穴の直径値を示す．ここでは，第一測範製作所

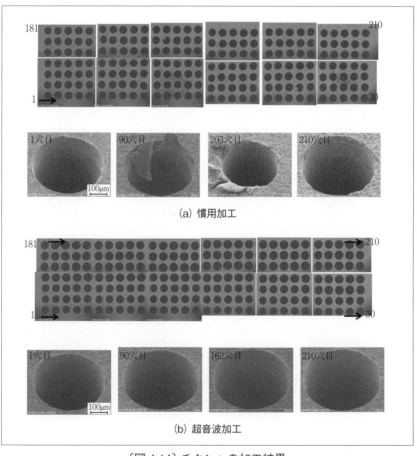

（a）慣用加工

（b）超音波加工

〔図 4.14〕チタンへの加工結果

小径内径測定器 IDM-30 を用いることで，加工穴入口部から深さ 1，2，3mm の位置の直径値を測定することができた．振動のないドリル加工においては，穴径は 0.5mm±0.01mm の範囲に収まっており，深さによる穴径の変化も少ない．一方，超音波振動加工においては，加工初期段階では，振動のないドリル加工とほぼ同程度の穴径で加工できる一方，後半では穴径が 0.06mm ほど拡大する結果となった．前述した，ドリルの損耗による径変化と考えると穴径は縮小方向にシフトすると考えるべきであり，拡大方向にシフトするのは振れまわりの増加，もしくは振動モードの変化などが考えられる．

本実験においては，ドリルが被削材に切りこんで穴を 0.1mm だけ掘り下げた後に，ドリルを穴から退避する動作を繰り返しながら穴を掘り進めていくステップ加工をおこなった．ドリルのフルートに詰まった切屑が排出され，切削抵抗の減少や工具の折損が防止できる．ある 1 ステ

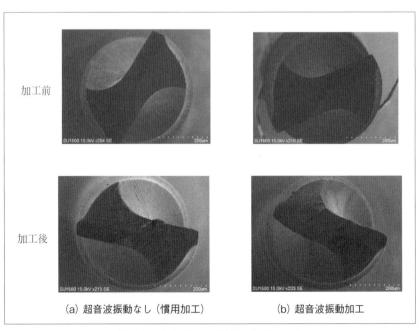

加工前

加工後

(a) 超音波振動なし（慣用加工）　　(b) 超音波振動加工

〔図 4.15〕ドリルの凝着，摩耗状態

ップ中におけるスラスト力とトルクの時間的変動を図 4.17 に示す．ド
リルが切り込んで，切りくずを創成し始めると，スラスト力とトルクは
上昇した後，加工中は切りくずの創成，分断，排出を繰り返すので変動
している．各ステップにおける最大スラスト力，最大トルクを代表値と
して，穴深さとスラスト力，トルクの関係を図 4.18 に示す．超音波振
動の効果を検証するため，振動振幅を 0μm（＝振動なし加工）から
5.2μm まで変化させた．スラスト力，トルク共に超音波振動援用効果に
よって切削抵抗が低下することが確認できた．特に，トルクは，穴深さ
が深くなると，急激に上昇する傾向があるが，超音波振動によって深さ
に関わらずトルクが一定になる傾向が見られる．これは，切りくず排出
性が向上していると思われる．振動振幅 3.3μm のときにトルクで 74％

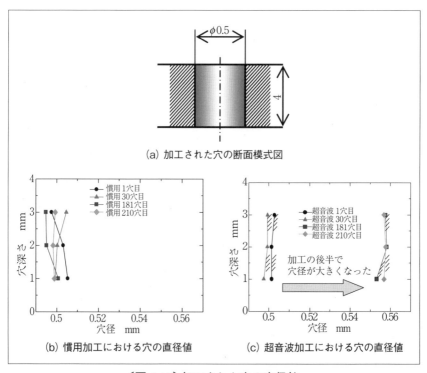

（a）加工された穴の断面模式図

（b）慣用加工における穴の直径値　　　（c）超音波加工における穴の直径値

〔図 4.16〕加工された穴の直径値

～，スラスト力で67%～75%低下するが，これ以上振幅を大きくしても，切削抵抗の低下の度合いは頭打ちとなっている．

　得られた慣用加工と超音波加工の特徴を表4.5にて比較する．

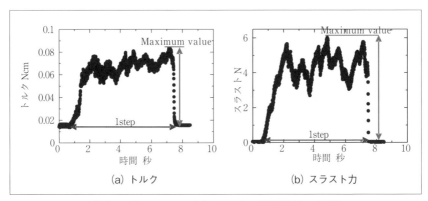

〔図4.17〕1 ステップ中における切削抵抗の変動

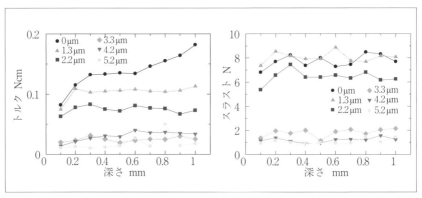

〔図4.18〕切削抵抗に与える超音波振動の効果

〔表 4.5〕慣用ドリル加工と超音波ドリル加工の比較

	慣用加工	超音波加工
穴位置精度	機械精度に基づいて同一ピッチで開けられるべき穴において，穴位置のばらつきが大きい．穴位置を測定する方法がないために定量評価ができないが，最大で穴の半径程度の位置ずれがみられる．	顕微鏡観察，SEM観察において，穴の位置ずれはみられなかった．
バリ	加工初期段階からバリの発生が見られ，加工終了までバリの発生は継続するため，ほぼすべての穴でバリがみられる．	バリの発生はみられず，加工初期から終了まで，均一な穴加工が可能であった．
工具摩耗など	目立った工具摩耗は見られないが，チゼル部に凝着が見られる．	逃げ面に40μmを超える摩耗が起きている．
工具穴直径	加工終了までの間，φ0.5±0.01の寸法公差が実現できている．ただし，工具摩耗のためか，加工終盤では穴径が小さくなる傾向があった．	加工前半では，穴入口～出口まで直径差の少ない加工が実現できた．しかし，加工終盤で穴径が最大φ0.56まで大きくなった．工具摩耗に起因する場合には，穴径は小さくなるので，なんらかの原因で振れまわりが大きくなったと考えられる．

4.3 超音波振動加工における工具振動モード

4.3.1 振動モードの考え方

　超音波加工においては，加工抵抗などの動的な負荷が作用した状態においても，適切な振動モードで工具が励振されていなければならない．そのため，工具を含めた振動系を適切に調整した状態で構成する必要があり，その結果として超音波加工機メーカにおいては，適切に振動する専用工具の使用を推奨する場合がある．しかし，超音波振動ドリル加工において，工具径の異なる専用ツイストドリルを多種多様に製作し準備しておくことは，コストの観点から難しい．したがって，廉価に入手できる市販ドリルを調整して使用される．そこで，市販ドリルを超音波振動させた場合の振動モードについて検討する．なぜならば，ドリルの曲げ振動モードは，先端部の半径方向への変位となるため，回転工具の振れまわりと同様に工具寿命を短くし，加工精度を悪化させると予想されるからである．

　ここでは，ドリルを簡略化して，長さ L に比べて直径 d が十分に小さい単純丸棒として考えてみる．断面二次モーメント I，弾性定数 E，密度 ρ の片持ち丸棒の一端を固定端，他端を自由端としたとき，n 次モードの共振周波数は，

$$f = \frac{\lambda_n^{\,2}}{2\pi L^2}\sqrt{\frac{EI}{\rho A}}$$

$$I = \frac{\pi d^4}{64}$$

.... (4.1)

となる．それぞれ $n=1$ 次～3次の曲げ振動モードの変位形状および固有値 λ_n は図 4.19 (a) のようになる．位置 $=0$（左端）が固定端であり，超音波スピンドルのチャック側に相当する．また，右端がドリル先端側に相当する．$n=2$ 次以上では，振動の節部が発生することがわかる．超硬合金の丸棒について，超音波振動周波数 $f=40\,\mathrm{kHz}$ における直径 d- 長さ L とモード次数の関係を図 4.19 (b) に示す．市販の超硬合金ドリルの一例として，工具直径 0.3mm および 1.0mm の有効工具長を実測したと

ころ，それぞれ 6mm と 11mm であった．これを図中にプロットすると，それぞれ●印と▲印となる．いずれの工具も，二次モードの曲線に乗っていることから，このドリルを超音波振動加工において周波数 40kHz で励振すると，二次の曲げモードで共振する可能性が高いことを意味している．二次の曲げモードは，節部 1 カ所を有し，先端部は腹となるために上述した半径方向への変位が大きくなるモードである．

4.3.2 振動状態の測定方法

　実際のドリルは単純丸棒ではなく，フルート溝が掘られ，工具把持部となるシャンクなどがあるために，前述の丸棒における理論計算とは大きな相違がある．また，一つの素材から削りだされるソリッドドリルは，有効切れ刃部からシャンク部までがテーパで結ばれた段付き形状となる異径形状のため，振動モードや節・腹部の位置を理論的に求めるのは困難である．したがって，実用的には，小径ドリルの振動状態を実測する必要があるが，スポット径の十分に小さなレーザドップラ振動計を用いたとしても，測定対象面となる工具先端の複雑な自由曲面からの正反射を得ることは難しい．さらに，振動モードを評価するためには，工具先

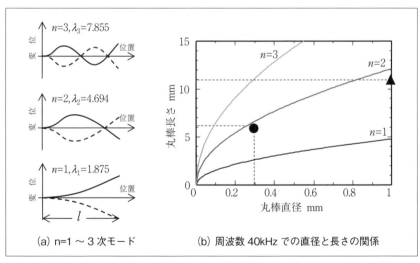

(a) n=1 〜 3 次モード　　　(b) 周波数 40kHz での直径と長さの関係

〔図 4.19〕ドリルの曲げ振動モード

端のみならず，複数点での様々な方向への変位を測定し，振動状態を把握する必要であり，非常に多くの労力を要するために実用的ではない．

そこで，工具の超音波振動を高速度カメラで撮影し，表面上の傷などの特徴点の運動軌跡から，縦モードに起因する軸方向振動と，曲げモードに起因する工具半径方向の振動を 2 次元的に測定する方法（図4.20）を提案する．超音波周波数帯域での工具の振動状態を撮影するため，フレームレートは，ドリルの励振周波数 40kHz の約 6 倍の 225,000fps とした．すなわち，振動 1 周期間に 5.6 コマの撮影となる．このフレームレートでの撮像画素数は，使用した高速度カメラの仕様により 128×64 ピクセルであり，光学ズームレンズによって 1 ピクセルあたり 0.27μm の空間分解能が得られる．

4．3．3　振動状態の測定結果

工具直径 0.3mm の超硬合金製ソリッドドリルを，工具ホルダに焼きばめによって把持させた後，ホルダをスピンドルに取り付けた．この構成は，高い回転精度とともに，各部材の密着性が高く，超音波振動の高

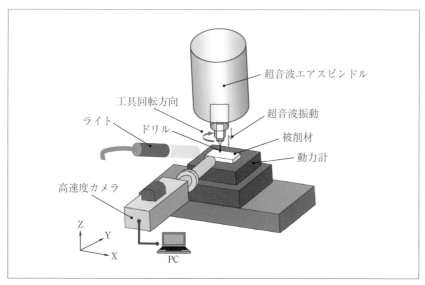

〔図 4.20〕実験装置概略図

い再現性を実現できる方法の一つである．実験においては，図4.21のように，工具先端から工具ホルダ端面までの突き出し長さl_0を調整する．これは，実用的には突き出し長さの調整は比較的容易であるため，突き出し長さで振動状態を調整できるかを実験的に検証するためである．超音波振動の約1周期に相当する6フレーム分の撮影を行った結果を図4.22に時系列で並べた．図中の鉛直方向は軸の長手方向，水平方向は工具半径方向への変位である．突き出し長さl_0=13mmにおいては，工具表面の模様は鉛直方向のみに変位していることから，工具先端部では縦振動による軸方向振動が得られていることがわかる．一方，突き出し長さl_0=15mmにおいては，曲げモードによる半径方向への振動が支配的であり，この場合には最大13.1μmの変位が確認できる．したがって，振動モードは，突き出し長さに関してミリメートルオーダーで大きく変化することがわかる．

　次に，工具表面にある研削痕と思われる模様の1点をトレーサ（流体や多自由度物体の速度や加速度などの運動を，連続撮影から画像処理にて取得するための参照点，流体では微小粉体トレーサとして混入したり，多自由度運動では対象物体に光源をトレーサとして取り付けたりする）として，振動状態の二次元運動軌跡を撮影した．図4.23は，突き出し

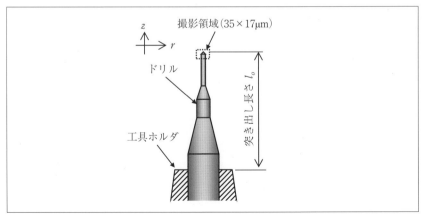

〔図4.21〕ドリル突き出し量と撮影位置

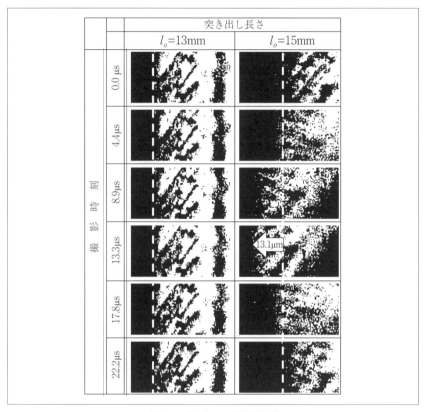

〔図 4.22〕ドリル振動状態

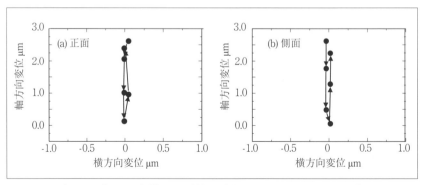

〔図 4.23〕工具先端の運動軌跡（突き出し長さ $l_o = 13$mm）

長さ l_0=13mm における，振動1周期分の工具先端近傍のトレーサの運動軌跡を，正面および側面から撮影した結果である．これより，縦方向への両振幅2.5μmに対して，曲げ振動に起因すると思われる半径方向への振動振幅は0.2μm以下であった．また，正面，側面ともに同様な運動軌跡を描いていることから，縦振動モードが支配的であり，曲げ振動はほとんど励振されていないことがわかった．すなわち，入手が容易な市販工具を超音波振動加工に用いても，工具の把持位置，すなわち突き出し長さを調整することで，曲げモードを抑制できることが確認された．その一方で，わずか±1mmの調整で振動状態が大きく変化することが明らかになった．

以上の結果，適切な振動状態の判定には，定量的に振動状態を測定する手段が不可欠であることがわかる．本研究では，高速度カメラを用いての高フレームレートでの撮影を行った．しかし，高価な高速度カメラを工場環境下に常設するのは実用的ではない．そこで，超音波加工においては，工具は特定の周波数において強制振動されると考えれば，これに同期したストロボ撮影を行うことで，おおまかな振動状態を一般的な光学顕微鏡で観察できる（振動加工機に用いられる可視化装置（特許4465475号））．高周波数かつ微小な振動である超音波加工においては，このようなモニタリングのための周辺装置の開発も不可欠である．

4.3.4　工具振動が加工に与える影響

振動モードが加工に与える影響を確認するために，軸方向の振動が支配的な状態（ドリル突き出し長さ l_0=13mm）と曲げ振動が支配的な状態（同 l_0=15mm）で，厚さ1.5mmのチタン合金 Ti-6Al-4V に対して250穴の貫通穴加工を行い，穴性状，工具摩耗を比較した．図4.24に加工穴の SEM 画像を示す．加工条件は，スピンドル回転数 N=10000rpm，一刃あたりの切込み量20μm/tooth でステップ送り加工を行った．曲げ振動が支配的な場合，バリが大きい傾向が見られ，特に工具摩耗が進んだ250穴目では最大約50μmのバリが確認された．図4.25に1穴～10穴目，121穴～130穴目および241穴～250穴目の穴径の平均値，最大バリ幅の平均値，穴位置のばらつきを示す．なお，穴の直径は，SEM の計測

機能を用いて，異なる 10 カ所に対して穴のエッジを平行二直線で挟み，その間隔の平均値として測定した．穴位置のばらつきについては，10 カ所の穴位置のばらつきを標準偏差として評価した．これより，加工初期段階においては，穴直径は曲げ振動時の方が約 2.7 μm ほど大きくなった．これは，曲げ振動に起因する半径方向への変位によるものだと考えられる．しかし，加工の進展にともなって，穴径は小さくなる傾向が

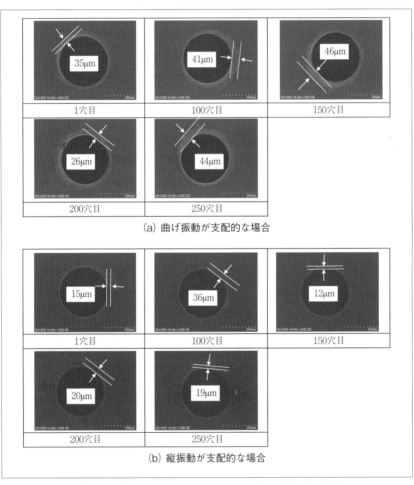

〔図 4.24〕加工された穴の SEM 写真と最大バリ幅

みられた．また，曲げ振動時の最大バリ幅は，軸方向振動時の 2.3 倍程度であり，加工が進むにつれてバリは大きくなった．これは，ドリル工具の主切れ刃は回転運動によって切りくず創成する形状であるので，曲げ振動では切削能力を生じないためであると考えられる．次に，穴位置

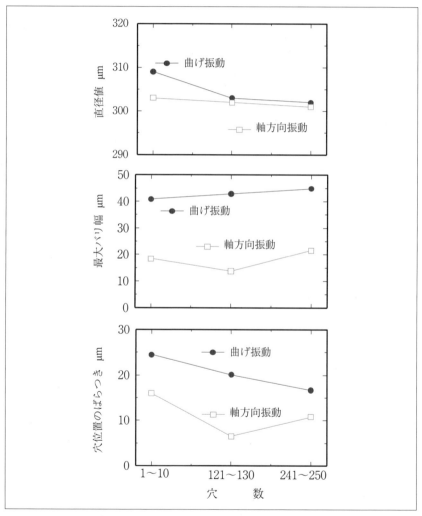

〔図 4.25〕振動モードによる加工性状の比較

のばらつきは，曲げ振動によって1.8倍ほど悪化することがわかった．これはドリルが曲げ振動することにより，刃先の歩行現象[5]が誘発したと考えられる．一方，軸方向振動においては，チゼルエッジが被削材に繰り返し打ち込まれるつちうち作用によって，刃先の食い付き性が向上し，穴位置のばらつきの小さい加工が実現できたと考えられる．ここで振動モードが加工品質に与える影響について考えてみる．加工が進展して，穴形状が創成されるほど工具先端が穴に埋まる状態では，振動モードが変化して，モードの影響は小さくなったと考えられる．その一方，バリ生成や，歩行現象が発生する加工初期段階では，工具先端は曲げ振動や軸方向振動の影響を受けるため，両者の差違が強くあらわれたと考えられる．

4.4　金型の形彫り研削加工への応用

4.4.1　金型加工技術への要求

　近年，LED 関連の光透過部品の需要が増大している．これらは表面を鏡面仕上げされた金型を用いて，射出成型加工で生産される．大量生産されるが価格の安い部品であり，廉価な金型は海外で製造されるようになった．一方，燃料電池のセパレータのプレス金型や半導体素子のリードフレーム，モバイル機器のマイクロコネクタなどのように，微細かつ複雑で手仕上げが困難な金型がある．これは，手仕上げでは，複雑で長い流路の全体にわたって要求される幾何公差を満たせないこと，また手仕上げによる角部のダレや平面のくずれを許容できない．さらには，高硬度・高靱性な素材の成型における金型寿命を引き延ばすために，超硬合金を金型材料とする要求がある．超硬合金の加工プロセスは，図 4.26 に示すように，第一段階として放電加工によって所望の形状に削りだされる．しかし，放電加工は放電現象による局所的な溶融除去に基づく加工現象のため，加工変質層が生じる．このため，手仕上げで加工変質層を除去し，表面性状を整えているが，管理できない加工変質層が残

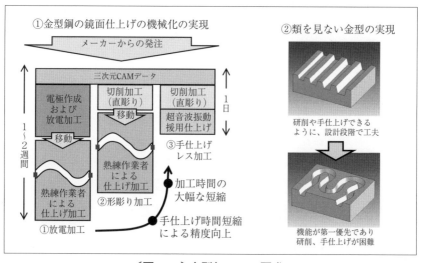

〔図 4.26〕金型加工への要求

存した場合には，金型寿命が極端に短くなる．また，これを充分に取り除くために手仕上げ量を多く取れば，角部のダレが生じたり，平面度などの幾何精度が悪化したりする．また，ポケットの深い金型底部の手仕上げは，加工状態の評価は困難であるので，作業者のカンに頼るしかない現状である．現在では金型生産の最終工程として熟練工による手作業研磨仕上げが行われるが，工程には数日～数週間の時間を要する．

　これらの問題の改善および市場要求に対応するために，機械加工のみによる金型の形彫り鏡面仕上げが求められている．成型加工では金型の形状が製品に転写されるため，金型には厳しい幾何公差が求められる．それと同時に，外観的な要求とともに，表面粗さは金型寿命に直結するために鏡面仕上げも求められる．

4.4.2　超音波加工の原理および加工装置

　隈部により提唱された超音波振動援用加工[6]は，超精密切削[7]やセラミックス，ガラスなどの高脆材の加工[8]において効果がある．工具を超音波帯域で微小振動させることで，工具と加工物間に交番的な相対速度の変化が重畳し，両者の間に瞬間的な隙間が生じ，そこに加工液が流入し温度の低下，潤滑・切屑排出の促進などの効果が期待される．特にダイヤモンド工具による鉄系材料の加工では，加工領域の温度がダイヤモンドと鉄の反応温度（973K）以下に保たれ，ダイヤモンドの炭素原子がワーク中へ拡散しない．その結果，ダイヤモンドの工具として優れた特性を鉄系金属の加工においても適用できることが報告されている[9]．

　実験装置概略図を図 4.27 に示す．本研究で使用する工作機械は三軸 NC 位置決め装置に主軸となる超音波スピンドルユニットを搭載したものである．超音波振動の周波数は 40kHz，振動方向は Z 軸方向であり，軸付き回転工具を用いた平面加工においては被加工面の法線方向と一致する．ワークはテーブル上に三成分小型動力計（Kistler 9256C1）を介して固定し，加工中の切削抵抗を測定した．

4.4.3　加工実験

①射出成形用金型鋼の超音波研削加工

　ここで使用する工具はダイヤモンド電着工具である．単層の砥粒が台

がねに固定されている電着砥石においては，ドレッシングは行わない．また電着したままの工具は，砥粒の突出し高さが揃っていないため，そのまま加工しても金型に要求される仕上げ面は得られない[10]．そこで本研究[11),12)]では，砥粒先端形状を整えるために切れ刃トランケーションを行う．テーブルに設置したサブスピンドルに取り付けられたツルア用ダイヤモンド電着工具（#325/400）に，主軸に取り付けた加工用ダイヤモンド電着砥石を共ずりさせて，切れ刃トランケーションを行った．切込量 0.5μm の切れ刃トランケーションを 4 回（総切込量：2μm）行って顕微鏡にて観察した結果，突出した砥粒の先端が平坦化して，突き出し高さが整えられたことを確認した．切れ刃トランケーションを施した後の工具で射出成型用金型鋼 NAK80（大同特殊鋼製）に対して平面加工を行った．光学顕微鏡と外観の写真（図 4.28）を撮影した．切れ刃トランケーションを施した工具による仕上げ面は，先端 R の大きな砥粒が創成したカッターマークが確認され，外観からは明瞭に文字が反射してい

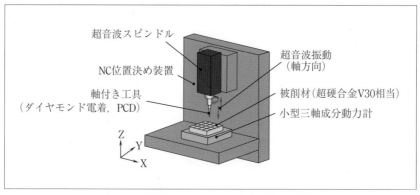

〔図 4.27〕形彫りのための超音波加工装置

〔表 4.6〕加工条件

工具	SD325 / φ0.5mm
超音波振動	60kHz / 0.45μm
回転数	200min^{-1}
送り速度	200mm/min
切込み深さ	2μm , 0 ～ 10μm
クロスフィード量	20μm

るのが確認でき，表面粗さは 0.27μmRz であった．さらに大面積の平面を φ4 のダイヤモンド電着工具で振動援用研削加工によって仕上げた．概観写真を図 4.29 に示す．60mm × 60mm の平面を表面粗さ 0.13μmRz の光沢面に仕上げることができた．一般に切れ刃長さが長いと，加工抵抗が過大になり，工具のビビリ振動や加工熱が発生し，表面性状は悪化する．しかし，超音波振動を援用することで，加工抵抗が減少したり，

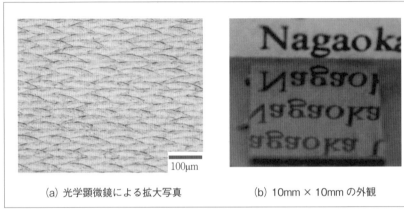

(a) 光学顕微鏡による拡大写真 　　　　　 (b) 10mm × 10mm の外観

〔図 4.28〕被加工面の顕微鏡および外観写真

〔図 4.29〕60mm × 60mm の平面加工結果

断続切削によって発熱が抑制され，剛性の低い小径工具（φ0.5mm）においても，切れ刃トランケーションを施した電着砥石により鏡面加工が可能になった．

②ダイヤモンド電着工具による超硬合金の加工

　超硬合金の高い硬度と，耐摩耗性は，金型として優れた特性である．超硬合金の形彫り加工において，従来の放電加工に代わる機械的な除去加工技術として，ダイヤモンド電着工具による加工を検証する．超音波振動を工具に重畳する加工は，微振動によって被削材を少しずつ除去するが，超音波帯域の高周波数の振動によって単位時間あたりの除去回数を稼ぐことで，超硬合金のような硬脆材料を効率よく加工できる．ここでは，円柱形状の軸付きダイヤモンド電着砥石（工具径φ1，粒度#325）の端面を用いて，超硬合金 V30 相当品の形彫り加工を実施した．加工条件は，回転数 5000rpm，送り速度 5mm/min，切り込み深さ 5 〜 15μm で正面研削加工を実施した．超音波振動を援用した場合，図 4.30

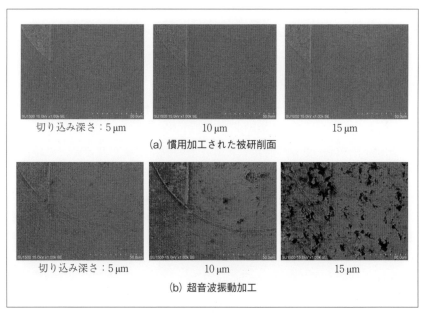

〔図 4.30〕ダイヤモンド電着工具による超硬合金の加工

に示すように切り込みが深くなるほど，被研削面のディンプルが多くなった．これは，超音波振動によるつちうち作用によって，硬脆材である超硬合金が除去されているためだと考えられる．一方，慣用加工においては，切り込み深さによる被研削面のSEM観察像に変化は見られなかった．

　超硬合金（シルバーロイG5）に対して，ダイヤモンド電着工具（φ3，#170）を用いて平面加工を行った．工具回転速度は5000rpm，送り速度500mm/min，軸方向切り込み深さ2μm，半径方向切り込み量0.5mmで不水溶性研削液をMQLで加工点に供給した．ここでは，実切り込み量を評価するために，2μm×10ストローク=20μmの段差を4ステップ分の加工を行った．その後，2μm×100ストローク=200μmの段差を2ステップを加工した．被削材の幅は20mmである．表面粗さ計で実測された段差の実測値を図4.31に示す．慣用加工においては，機械送り量20μmに対して，実切り込み量は3と4ステップ目で17μmとなり，加工初期段階で切り込み量の低下が見られた．さらに，機械送り量200μmに対しての実切り込み量は191および193μmとなり，加工誤差が5%程度となった．一方，超音波加工においては，機械送り量20μmに対して，実切り込み量は20μm±1μm以内となった．同様に機械送り量200μmに対しての実切り込み量は199および198μmとなり，高い加工精度を実現できた．加工後の工具のSEM撮影像を図4.32に示す．慣用加工においては，工具中央部で砥粒の脱落が多く見られる．一方，超音波加工では，工具の肩部にメッキ層の脱落が見られるが，砥粒の脱落や摩耗は少ない．なお，メッキの脱落は，加工初期段階に発生しており，メッキ不良によるものだと考えられる．以上の結果，慣用加工における加工誤差は砥粒摩耗が主要因であることがわかった．また，超音波振動によって，超硬合金の形彫り研削加工において，砥粒摩耗を抑えられることが確認された．

③ PCD工具による超硬合金の加工

　超硬合金を用いた各種金型においては，製品外観，精度および金型寿命向上のために鏡面仕上げが要求されている．従来の仕上げ加工では，

手仕上げなどの定圧加工であるので除去量は不確定であり，除去量にともなって機械加工で得られた幾何精度は悪化していく．そこで本研究で

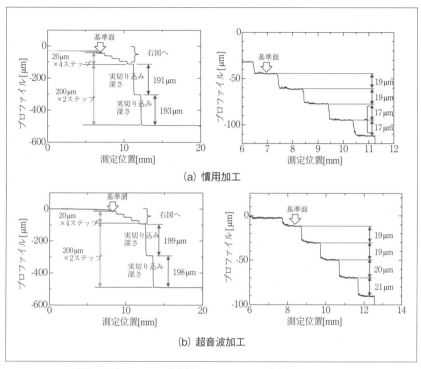

〔図 4.31〕ステップ形状加工における実切り込み深さ

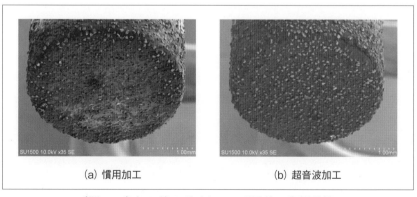

(a) 慣用加工　　　　　　　　　(b) 超音波加工

〔図 4.32〕加工後のダイヤモンド電着の摩耗状態

は，前段の機械加工における最大高さ粗さ（もしくは，放電加工における熱変位層）を2〜3回程度のパス加工によって鏡面まで仕上げることを目的としている．超硬合金の機械的除去加工のためには，超硬合金よりも高硬度なダイヤモンドを工具材料として用いることが多い．単結晶ダイヤモンドによる加工は，切り取り厚さを高精度に制御することで延性モードでの切削加工を実現できるので，レンズ部品の金型などの加工に利用される．しかし，本研究で取り扱うような回転工具での金型加工においては，工具コストの観点から，単結晶ダイヤモンド工具の適用は困難であると考えられる．そこで，比較的廉価で入手しやすくなったPCD軸付き回転工具に超音波振動を重畳して超硬合金を加工した場合の加工特性について，実験的に検証する．

　工具には工具直径 $\varphi 1.3$ のPCDエンドミルを使用した．チップポケットとして，30°おきにV溝が掘られている．ストローク2.7mmで工具直径と同じ幅の溝掘り加工を，1ストローク毎の切り込み深さを1μmとして，これを10回行うことで深さ10μmの溝を彫り込んだ．スピンドル回転速度は10,000rpm，送り速度10mm/minで切りくず採取のためにドライ加工とした．超音波振動の方向は軸方向で，振幅1〜2μmで周波数は40kHzである．ここでは，超音波振動の有無によって加工された溝の実切り込み深さの比較検証を行った．また，小型三成分工具動力計を使用して，送り分力（Fx），主分力（Fy），背分力（Fz）を測定した．回転工具において切削速度がゼロとなる軸中心部が通過する溝底中央部のSEM写真および切りくずのSEM写真を図4.33に示す．写真からは，超音波有無による差異はみられなかった．また，溝底部3カ所の最大高さ粗さの平均値は，慣用加工で0.19μmRzであったのに対して，超音波加工においては0.16μmRzとなり，有意な差異はなかった．採取した切りくずについては，慣用加工では薄い層状の切りくずと，それらが分断したと思われる粉状の切りくずが散逸している一方で，超音波加工においては0.5〜2μm程度の粒状の切りくずとなった．粒状の切りくずは，慣用加工で見られたものが凝集したものとも考えられ，今後も検証の必要がある．加工抵抗の時間変動について図4.34に示す．加工変動は工具

回転に同期しているので，振れまわりに起因するものだと考えられるが．超音波振動を援用することで送り分力，主分力については変動が 1/5 程度まで減少した．それに対して，背分力には変化がみられず，これはこれまでの鋼系材料に対する加工とは異なる結果が得られた．

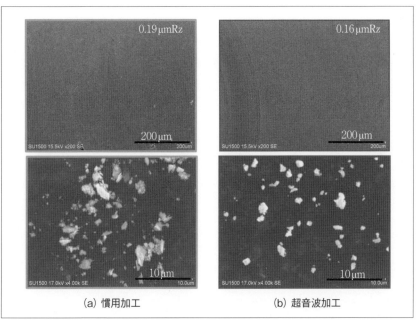

〔図 4.33〕PCD 工具での被加工面と切りくず

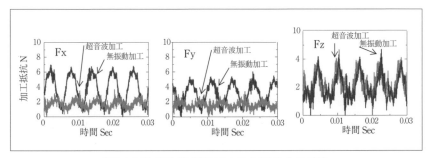

〔図 4.34〕超音波振動による加工分力の変化

④小径 PCD 工具による仕上げ加工

　本節では，第一工程として軸付きダイヤモンド電着砥石（工具径 $\varphi1$，粒度 #325）を用いて，超硬合金 V30 相当品の形彫り加工を実施した．次工程として，微細な加工を行うために工具直径 $\varphi0.3$ の PCD 工具（図4.35）を用いて仕上げ加工を行った．PCD 工具は先端部に幅が約 50μm のスリットが設けられていて，この部分がチップポケットとして作用することになる．それぞれの加工条件を表 4.7 に示す．加工液：ブルーベ LB-1（フジ BC 技研製）をセミドライ方式で加工部に供給した．給油装置は，フジ BC 技研製の FK タイプ外部給油用給油装置（型式 :FK2-M-LM）で，吐出量 8cc/hour とした．加工領域 $10 \times 10mm$ の全領域に対して切削目が得られるまで，切り込み深さ 5μm で粗加工を繰り返し実施

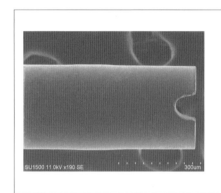
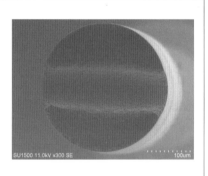

〔図 4.35〕仕上げ加工用 PCD 工具

〔表 4.7〕超硬合金の粗加工から仕上げ加工条件の例

	粗加工	仕上げ加工
工具	ダイヤモンド電着	焼結ダイヤモンド
砥粒	VD #325	PCD $\varphi0.5$μm
工具径	$\varphi1$	$\varphi0.3$
工具回転速度	5000rpm	5000rpm
送り速度	5mm/min	5mm/min
クロスフィード量	15μm	0.1μm
切り込み深さ	5μm	1μm
総切込み深さ	5μm	5μm

した．その後，PCD工具によって溝加工行った．仕上げ加工された溝底面の最大高さ粗さは0.06μmRzとなり，鏡面が得られた（図4.36）．また，これらの加工において，ダイヤモンド電着工具，PCD工具に工具摩耗は見られなかった．以上の結果，超硬合金の形彫り加工において，超音波振動を援用したダイヤモンド電着での粗加工の後，小径PCD工具による仕上げ加工によって鏡面が得られることがわかった．

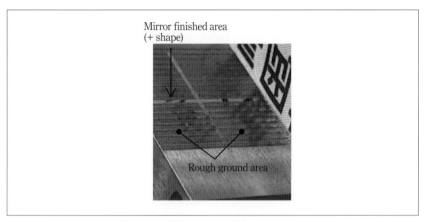

〔図4.36〕粗加工から鏡面仕上げ加工

4.5 まとめ

　本報告においては，超硬合金製の金型を機械加工のみによって粗加工から仕上げ加工までを実現するための基礎実験結果について簡単に述べた．粗加工においては，切り込みを大きくできるように，比較的粒径が大きく，チップポケットも確保できるダイヤモンド電着工具を用いた．仕上げ加工では，$\varphi 0.3$ の小径 PCD 工具を用いることで，鏡面を得ることができた．今後は，実用的な除去体積に対する工具摩耗量の評価，超音波援用加工による除去メカニズムについて追求を進めていく．

参考文献

1) 邱，熊谷，田篠，小澤：超音波振動援用ダイシングソーの開発と電子デバイス部品加工への応用，精密工学会誌，46(6)，606-609（2010）など．

2) 原圭祐，磯部浩巳，Mohd Fauzi Ismail：超音波振動を援用した金型の鏡面仕上げ加工（第3報）－切れ刃トランケーションの加工に及ぼす影響の調査－，精密工学会誌，78(7)，pp.641-645，2012.

3) 佐藤真彌，佐瀬直樹：小径深穴加工におけるドリル折損メカニズム，東海支部総会講演会講演論文集，2004 (53)，139-140，2004-03-01.

4) 南部洋平，落合一裕，江原一樹：ガスタービン用ノズルの微細シンニングドリルの微細深穴加工－微細シンニングドリルと振動付加効果－，精密工学会誌，75(9)，pp.1083-1087（2009）.

5) O. OHNISHI and H. ONIKURA: Effects of Ultrasonic Vibration on Microdrilling into Inclined Surface, J. Jpn. Soc. Prec. Eng., 69, 9 (2009) 1337.

6) 隈部淳一郎：振動切削－基礎と応用－，実教出版社，（1979）.

7) 社本英二，鈴木教和：超音波楕円振動切削による難削材の超精密・マイクロ加工，砥粒加工学会誌 54, 11（2010）636.

8) 岳義弘，岳将士：超音波研削加工システムの現状，超音波テクノ 23, 6（2011）72.

9) 磯部浩巳，原圭祐，岳義弘：超音波振動を援用した金型の形彫り鏡面仕上げ，砥粒加工学会誌 53, 12（2009）725.

10) 康喜軍他：研削機構に及ぼす切れ刃トランケーションの効果：理論的考察と実験的検証，砥粒加工学会誌，51, 5（2007）296.

11) 原圭祐，磯部浩巳，Mohd Fauzi Ismail：超音波振動を援用した金型の鏡面仕上げ加工（第3報）－切れ刃トランケーションの加工に及ぼす影響の調査－，精密工学会誌，78, 7（2012）pp.641-645.

12) Keisuke Hara, Hiromi Isobe, Mohd Fauzi Ismail and Shoichi Kaihotsu: Effects of Cutting Edge Truncation on Ultrasonically Assisted Grinding, Journal Advanced Materials Research, 325 (2011) p. 97-p.102

(((5.)))

研削液への超音波振動エネルギ重畳

5.1 研削加工

多くの研削加工において研削液を加工部に供給しながら行う．研削液を用いる目的は，研削切りくずの排出による砥石の目づまり抑制，研削点の摩擦抵抗低減，研削点の温度上昇抑制があげられる．しかし，クリープフィード研削，微粒砥石による研削，および切りくずが切れ刃に溶着しやすい材料の研削の場合，砥石の目づまりが大きな問題となる．研削加工の改善の手法としてさまざまな技術開発が多く試みられており，超音波振動を援用した加工方法が提案されている．

超音波振動を援用した加工方法には，前章までに紹介してきた，砥石または工作物を振動させる方法がある．砥石に超音波振動を援用する方法は複雑な機構を必要とし，工具系を共振させるため，砥石の形状寸法に制限がある．また，軸付き電着砥石では，シャンク部は小径の金属や超硬合金製の円柱形状であり，その表面にメッキによって砥粒が固定されているため，振動系の設計としては比較的容易である一方，平面研削に用いられるような研削砥石では，ホイール直径が大きく，複雑な振動モードが励振される可能性がある．また，工作物に超音波振動を援用する方法は，①被削材が軽量で剛性が高く，その共振周波数が超音波振動に比して十分に高い場合，②サイズが超音波振動の波長よりも十分に小さく，剛体モードで振動できると仮定でき，被加工面の振幅が均一である場合には適用できる．しかし，さまざまな被削材材質や形状に対して，同一の共振系を構築することができないために再現性がない．すなわち，少品種大量生産の場合には有効な方法であるが，多品種少量生産には適さない場合が多い．

工具振動，工作物振動以外の方法として，研削液に超音波振動を援用する方法がある．たとえば，キロソニック振動援用クーラントを併用したフレキシブル導液シート法による砥石洗浄[1]~[6]およびメガソニック援用クーラントによる加工[7]~[10]では，超音波エネルギを重畳した研削液による目づまり抑制作用および表面粗さの改善効果について論じられている．本研究では，研削油剤の種別を問わず，簡便かつ現有の研削盤に対して無改造での取り付けが可能な超音波振動エネルギ重畳装置を開

発し，ステンレス，アルミニウム合金や純チタンに対して，研削抵抗の低減や表面粗さの向上やスクラッチの抑制[11]，研削熱の抑制効果[12]を確認している．本解説では，この装置の機能や特徴について説明する．

5.2 期待できる効果と原理

　本研究の発想は，液体に超音波エネルギを重畳することで発生するキャビテーション気泡が破裂する際の衝撃力により物体表面の汚れを除去する「超音波洗浄の原理」を研削加工点に作用させることで，目づまり抑制効果や研削熱の除去効果を促進させようとするコンセプト（図5.1）で開発したものである．図5.2 に装置の概略図を示す．一般的に研削加工では（水溶性，不水溶性）研削液をノズルから加工点に供給する湿式研削として，研削熱の除去や切りくずの排出を行うことが多く，この手法は湿式研削においてのみ適用可能である．振動エフェクタ（注：一般

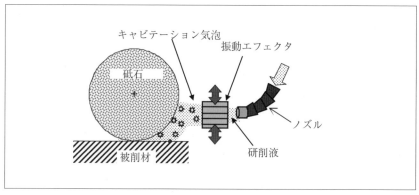

〔図5.1〕加工原理

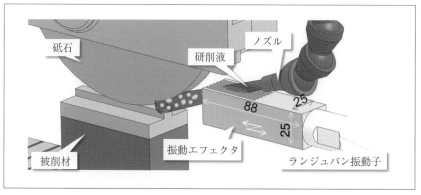

〔図5.2〕研削液への超音波エネルギ重畳装置の概略図

的にはホーンと呼ばれる部品であるが，液体と接触して，超音波振動の
エネルギを効率よく伝播させるための機械的部品として，本書ではエフ
ェクタと呼ぶ）は，先端部に複数のスリットを有する櫛歯状になってお
り，ボルト締めランジュバン振動子によって，駆動周波数 28kHz にて
特定の振動モードで励振される．ノズルから吐出した研削液噴流中に振
動エフェクタを挿入すると，超音波振動している櫛歯の間隙を研削液が
通過する間に，研削液中にキャビテーションが発生する．周波数が比較
的低い 28kHz であること，剛性の高い金属製のエフェクタを用いること，
大きなパワーを投入できる．図 5.3 は，本書第 2 章で説明した解析手法
に基づいて，設計した振動エフェクタである．全長は 28kHz の縦振動
に対して半波長分に相当するもので，88mm としている．したがって，
その中央部には節が確認できる．流路となるスリットを 6 溝設けること
で，全 7 枚の薄い櫛歯を超音波振動させている．若干の曲げ変形も確認
できるが，櫛歯の縦振動モード形状が支配的である．すべての櫛歯に対
して，先端部の長手方向への振動振幅をレーザドップラ振動計で測定し
た結果，30μm±5μm の振幅が得られた．図 5.4 は超音波重畳された研
削液（ソリュブルタイプ）の吐出状態の写真である．超音波振動によっ
て研削液がミスト化するとともに，気泡を含有して白濁していることが
確認できる．また，キャビテーションの能力を確認するために，水を満

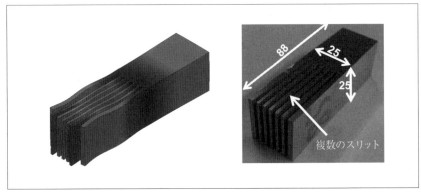

〔図 5.3〕エフェクタ（ホーン）のモード解析結果および製作したエフェクタの外観図

たした容器中にエフェクタを挿入し，エフェクタ先端にアルミ箔を接触させて1分間放置した．その結果，エフェクタから5mmほど離れた部分までキャビテーション壊食によってアルミ箔に穴が開いた．本装置は水と同程度の粘性をもつ水溶性研削液から，高い粘性の不水溶性研削液まで，キャビテーションを発生させることができる．壊食現象は，キャビテーションが破裂した際の衝撃力の効果であるが，エフェクタから5mm以上離れている加工点での効果については，研削加工実験によって明らかにする．

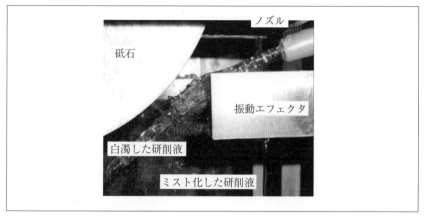

〔図5.4〕超音波振動された研削液の外観的変化

5.3 加工実験

5.3.1 エフェクタと加工点間の距離の影響

　振動エフェクタと加工点の距離 C_{W-E} と研削抵抗低減効果の関係を検証した．なお，距離 C_{W-E}<50mm では砥石とエフェクタが接触し，70mm 以上ではエフェクタを通過した研削液の流線が加工点から外れてしまうため，距離 C_{W-E} を 50mm，60mm，70mm とした．アルミニウム合金は軟質で延性が高く，かつ砥粒との親和性が高いので，切りくずが砥粒切れ刃に溶着し，目づまりしやすい材料である．そのため，気孔の多い GC 砥石や，自成作用の強い PVA 砥石が用いられる[13]．本研究では，目づまり抑制効果を検証するために，A5052 に対して WA 砥石で研削加工を行い，超音波振動の有無による加工結果を比較する．加工条件および砥石の組成を表 5.1 に示す．砥石半径方向切り込み量は 5μm，研削液には水溶性研削液（CHEMICOOL SR5）を使用し，研削液流量は毎分 3 リットルで振動子への供給電力は 30W 程度とした．砥石回転数は 2880rpm，砥石周速度は 27.1m/s である．砥石半径方向に 5μm のインフィード切り込みを行い，長さ 80mm×幅 8mm の被研削材に対して総切り込み量 200 パス×5μm=1mm，総除去体積 640mm^3 を行った．なお，砥石回転軸の方向への送りを行わず，目づまりが生じやすい平面プランジ研削を行った．研削抵抗の推移を図 5.5 に示す．ここでの研削抵抗とは 1 回の切込において研削開始点から研削終了点までにサンプリングされた研削抵抗値の平均である．異なる 4 種類の研削条件（研削なし，および C_{W-E}=50，60，70mm）で得られたデータに対して分散分析を行った結果，

〔表 5.1〕研削条件

被削材	A5052　8mm×80mm
切り込み深さ	5μm
送り速度	25mm/s
研削液	CHEMICOOL SR5(soluble type)
流量	3 ℓ/min
砥石回転数	2880rpm
砥石周速度	27.1m/s
砥石	WA60K8VSK-1180×13×31.75mm

分散比 F=89.8 となり F 境界値を上回る．また P 値も 1.5×10^{-25} と棄却域と比較して充分小さく，統計的に有意な差があることを確認している．研削の進展にともなって砥石表面に目づまりが発生し，その結果として研削特性が悪化して研削抵抗が増える．研削抵抗を最小二乗法によって近似した1パスあたりの研削抵抗増加率で比較すると，慣用研削では5.7mN/path であり研削抵抗の増加傾向がみられる．超音波エネルギを重畳した場合は C_{W-E} =50mm で 1.1mN/path，C_{W-E} =60mm では 2.7mN/path，C_{W-E} =70mm では 3.2mN/path であり，慣用研削液に比べ超音波エネルギを重畳した条件では研削抵抗の増加傾向が抑制された．以上の結果より超音波振動装置が最も加工点に近い I_{W-E} =50mm の条件で，最も超音波重畳の効果が大きいことがわかった．

　次に，ドレッシング後における加工初期の20往復目（体積除去量 64mm³）および目づまりが生じていると思われる 200 往復目（体積除去量 640mm³）における1往復中の研削抵抗の時間変化を図5.6 に示す．また，図5.7 は，被削材の除去量の増加にともなう比研削エネルギ（単位体積の被削材を削るのに要したエネルギ）の推移である．加工初期の20

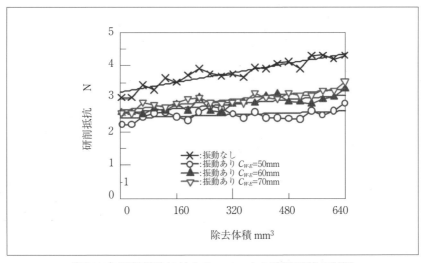

〔図5.5〕研削抵抗に対するエフェクタ設置距離の影響

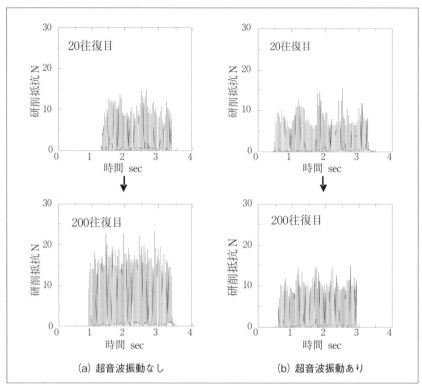

〔図5.6〕加工にともなう研削抵抗の増加抑制

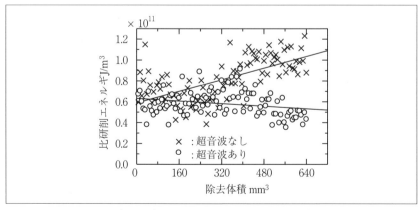

〔図5.7〕比研削抵抗の増加抑制効果

往復目においては，慣用加工と超音波振動重畳加工での差異は見られない．つまり，ドレッシングによって生成された良好な切れ刃が加工に作用している状態では，超音波の効果はないことがわかる．しかし，200往復後の慣用研削加工における研削抵抗に注目すると，平均的な研削抵抗は1.5倍ほど増加していることがわかる．一方，超音波重畳加工においては，200往復後においても，研削抵抗や比研削エネルギは増加しなかった．すなわち，加工の進展にともなって増加する研削抵抗増加要因（後述するが，目づまりや砥粒摩耗）が抑制されていると考えられる．

5.3.2 目づまり抑制効果

図5.8，図5.9は，それぞれA5052，SUS304を研削した後の砥石表面の顕微鏡写真であり，凝着物を鮮明に識別できるように二値化処理を行っている．20往復目までは，研削液の違いによる明確な差異は確認で

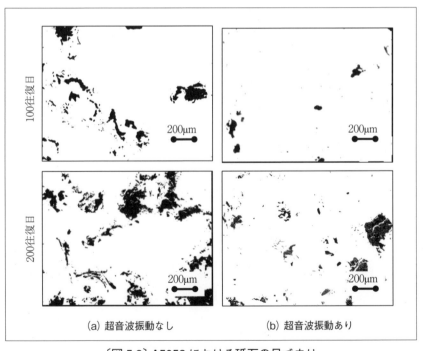

100往復目

200往復目

200μm　200μm

200μm　200μm

(a) 超音波振動なし　　　(b) 超音波振動あり

〔図5.8〕A5052における砥石の目づまり

きないため省略しているが，100 往復目になると，超音波振動のない慣
用研削加工においては凝着が発生し始めており，200 往復目には明らか
に目づまりの面積が増えている．特に，SUS304 の研削加工においては，
長さ 0.5mm を超える大きな凝着が確認できた．SUS304 および A5052 の
研削加工における，研削除去量に対する目づまりの面積の増加について
図 5.10 に示す．どちらの素材も，除去量におおむね比例して，目づま
り面積が増加していることがわかる．研削除去体積 640mm^3 における目
づまり面積率は，SUS304 に対する慣用研削で 21% であったが，超音波
振動重畳によって 12% まで低減しており，超音重畳研削液によって目
づまりを抑制できることがわかった．一方，A5052 の研削におけける目
づまり面積率は慣用研削で 10%，超音波重畳において 4% となった．
以上の結果，超音波振動を重畳した研削液は目づまりを抑える効果があ

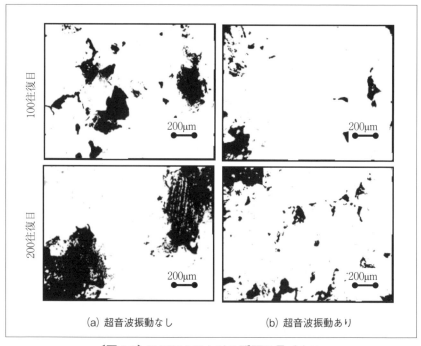

（a）超音波振動なし　　　　（b）超音波振動あり

〔図 5.9〕SUS304 における砥石の目づまり

り，目づまり面積を半分程度に抑制できることがわかった．

5.3.3 研削熱低減効果

　直径 0.3mm の熱電対を研削加工面の中央部に埋めこみ，被削材とともに加工することで，研削面表面における温度を測定した．ドレッシング後に被削材を 512mm^3 だけ除去した直後の 1 ストローク中における研削温度の時間変化を図 5.11 に示す．砥石が熱電対に近づくに連れて温度が上昇していき，離脱していくと次第に温度は低下していく．パルス状の温度変化は，研削砥粒が熱電対に接触・研削したことによるものと

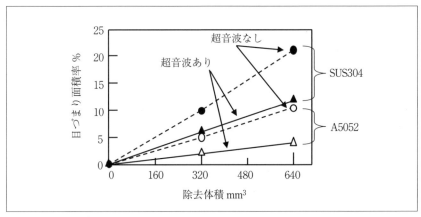

〔図 5.10〕SUS304 および A5052 における目づまりの推移

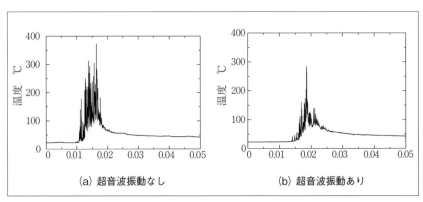

（a）超音波振動なし　　　　　　　（b）超音波振動あり

〔図 5.11〕512mm^3 除去後における研削点温度の時間変動

考えられる. 超音波振動重畳研削では, パルス状の温度変動が抑制され
ており, その結果として1ストローク中の研削点最高温度は, 370℃か
ら300℃まで低減した.

　図5.12に慣用加工および超音波振動重畳研削液を使用した加工での
除去体積量512mm³付近までの研削点温度と接線研削抵抗の推移を示
す. 測定は40ストロークごとに3ストローク分の収録を行い, 各プロ
ットはダウンカット時の被削材の研削点最高温度を表している. 研削初
期での研削点温度の平均値は慣用研削において67.7℃, 超音波振動重畳
研削液を供給した場合では64.9℃となり, 研削初期においては両者の差
は小さい. しかし, 加工量の増加にともなって, 超音波振動重畳による
温度抑制効果が顕著に表れている. 最小二乗法によって近似した直線の
傾きを比較すると, 慣用研削の場合は0.39℃/ストローク, 超音波振動
を重畳した場合では0.24℃/ストロークとなり, 超音波振動を重畳した
場合の傾きが小さくなっている. これらの結果より, 慣用研削では, 加
工の進展にともなって目づまり等で研削状態が悪化していくが, 超音波
振動の重畳によってドレッシング直後の良好な研削状態を長く維持でき

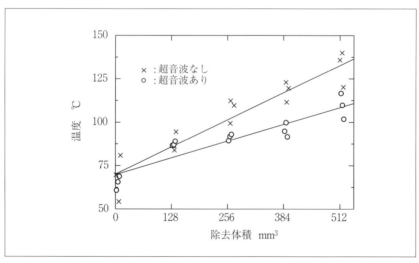

〔図5.12〕加工にともなう研削熱の抑制効果

ると考えられる．また，図5.13には，採取された切りくずの写真を示す．慣用加工においては，比較的厚めで，かつ研削熱により焼けて変色した切りくずが散見された．これに対して，超音波振動を重畳することで，変色が少なく，薄く長い切りくずが確認できた．

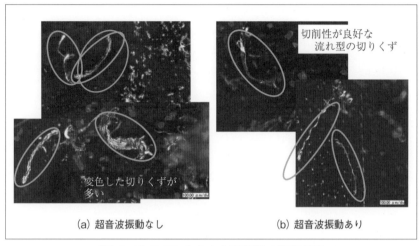

(a) 超音波振動なし　　　　　　　　(b) 超音波振動あり

〔図 5.13〕加工にともなう研削熱の抑制効果

5.4 まとめ

　研削液に超音波振動エネルギを重畳する装置を設計製作した．超音波振動装置としては，比較的簡単な構造であるが，スリット形状を超音波振動させるためには，CAE による解析を駆使する必要がある．製作した装置の実験的検証により，その効果が確認できた．今後は，超音波振動する櫛歯形状が，研削液に対して与える音圧変動についても解析に考慮して，加工特性改善の効果を高める必要がある．

参考文献

1）Toshiharu SHIMIZU, Shinichi NINOMIYA, Yoichi SHIRAISHI, Manabu IWAI, Tetsutaro UEMATSU, Kiyoshi SUZUKI: Effects of in-process wheel cleaning by a coolant flow guided flexible sheet method using coolant accelerated by kilo-sonic vibration, Journal of the Japan Society of Grinding Engineers, 53, 1, (2009)39

2）Y. SHIRAISHI, Dong Qiang et. al, : Application of kilo-sonic coolant method to finish grinding with fine grain wheel, Proceedings of Japan Society of Precision Engineering, (2006)373.

3）Shinichi NINOMIYA, Manabu IWAI, Yoshiaki SHISHIDO, Tetsutaro UEMATSU, Kiyoshi SUZUKI: Development of a new coolant supply method with a coolant flow guided flexible sheet, Proceedings of Japan Society of Mechanical Engineering, (2005)71.

4）鈴木清，白石陽一，三代祥二，関根弘光，植松哲太郎，岩井学：キロソニックフローティングノズルによる研削特性，砥粒加工学会学術講演会講演論文集，(2003) 313.

5）二宮進一，清水俊晴，西崎匡，岩井学，植松哲太郎，鈴木清：金属製フレキシブル導液シートによるメタル便度ダイヤモンドホイールの電解インプロセスドレッシング研削，砥粒加工学会誌，52，8 (2008) 478.

6）二宮進一，清水俊晴，田中幸徳，西崎匡，長野千春，植松哲太郎，鈴木清：フレキシブル導液シート法を用いた電解インプロセスドレッシング，2007年度砥粒加工学会誌学術講演会講演論文集，(2007) 289.

7）藤原将之，宍戸善明，鈴木清：メガソニッククーラントを利用した加工，砥粒加工学会講演論文集，(2000) 281.

8）鈴木清：高周波メガソニッククーラント装置の開発，日本工業大学，研究開発助成 AF-2003006，(2003) 134.

9）鈴木清，植松哲太郎，岩井学：メガソニッククーラント用各種ノズルの開発，ABTEC，(1998) 52.

10) 鈴木清, 岩井学：メガソニッククーラント加工法の研究（第一報），砥粒加工学会会誌, 48, 2 (2004) 95.

11) 石松純, 磯部浩巳：研削液に超音波振動エネルギを重畳した研削加工 第1報:Al, SKS材における研削特性向上の実験的検証, 砥粒加工学会学術演会 演論文集, (2012) 377.

12) 石松純, 磯部浩巳：研削液に超音波振動エネルギを重畳した研削加工 第2報：純 Ti における表面性状の改善と研削熱の抑制効果, 砥粒加工学会学術演会 演論文集, (2013) 29.

13) 愛恭輔:研削ワンポイントレッスン,砥粒加工学会誌,52 (11),(2008) 25.

(((6.)))

超音波加工現象の究明

6.1 超音波加工現象を可視化する必要性

　前章までに，超音波振動加工装置の設計方法や，様々な加工における超音波振動の効果に関して説明を行ってきた．そのなかでも，超音波振動切削は，耐熱合金などの難切削材加工に効果的であり，工具摩耗抑制や切削抵抗低減といった加工特性の向上効果[1]のほか，分断した切りくずの処理が容易になること[2]が知られている．また，ガラスやセラミックスなどの硬脆材の超音波研削加工においては，振動する砥石による目づまり除去効果や単位時間あたりに砥粒と被削材が接触する距離が長くなることによる研削抵抗低減効果が報告[3]されている．さらに，超音波振動する砥粒が被削材に衝突する衝撃力によって，微細な脆性破壊をくり返すことで，研削抵抗を低減させる効果も期待できる．これらの加工に関して，いずれの場合でも，超音波振動する切れ刃や砥粒が発生する加工抵抗は，超音波帯域で変動すると考えられる．たとえば，被削材と切れ刃の相対運動速度（一般的には切削速度）が，切れ刃の振動振幅と振動周波数で算出される瞬間最大振動速度に比べて十分遅い場合には，断続切削となる．すなわち，超音波振動の一周期中において，切れ刃が被削材と接触しながら切りくずを創成している期間と，切れ刃が切りくずから離脱している期間では，その状態がまったく異なり，その状態が超音波振動の周波数で変化していることは容易に想像できる．しかし，一般的に切削力は，数kHz程度の測定帯域しか有しない圧電式や歪みゲージ式の工具動力計で測定される．慣用切削加工（振動させない従来の切削加工）においては，測定可能帯域よりも十分に低い周波数のびびり振動や機械振動などの動的現象，もしくは準静的な切削抵抗に起因するような加工現象のみを取り扱うならば，工具動力計の周波数帯域は問題にならない．しかし，20kHz以上の超音波帯域で微小振動する切れ刃が発生させる切削力変動を十分なダイナミックレンジで測定することはできない．そのため，これまでの超音波振動切削現象に関する多くの研究においては，工具動力計での測定値は超音波帯域で変動する切削力の時間平均値であると仮定して，そのメカニズムが考察されてきた．しかし，超音波振動の1周期中のダイナミックな応力変動や，切れ刃と被削

材の相対関係と切削力の関係などを詳細に検証するには，新たな計測手法を開発する必要がある．

　素材内部の応力分布を可視化する手法として光弾性法[4]がある．しかし，高速度カメラと同等の高速撮影性能をもつ偏光カメラを用いたとしても，時間分解能に相当するフレームレートと，空間分解能に相当する撮影画素数はトレードオフの関係にある．すなわち，超音波振動切削において，工具のマイクロメートルオーダの振幅に起因するマイクロ秒での加工現象を論じるには，さらに工夫が必要となる．ここでは，光弾性法と超音波振動に同期したパルス発光源を組み合わせることで，超音波振動援用切削中の超音波帯域の周期よりも十分に短い時間の被削材内部応力分布の変動を撮影する方法および撮影結果について説明する．

6.2 光弾性法の原理

透明で均一な物質に外力を加えて応力を生じさせると複屈折性を示す場合がある．この複屈折現象を用いて物体内の応力状態を実験的に求める方法を光弾性法という．図6.1は，平面偏光器と呼ばれる光弾性法の構成である．本解説では，定性的に光弾性の現象を説明するが，詳細には参考文献 たとえば5), 6)などを参照していただきたい．光源からの光は，偏光板を通過すると，直線偏光となる．そして，透明な試験片を透過したあと，「検光子」とも呼ばれる偏光板を通過すると，応力に関する明暗を撮影できる．このとき，図6.1 (a) のように，試験片が無応力状態の場合には，偏光はそのまま透過するため，明るい画像が撮影される．次に，たとえば図6.1 (b) に示すように，複屈折性を有する試験片に力が作用し，一軸応力が生じている状態においては，応力の状態に関係して複屈折した偏光に位相差が生じる．その結果，検光子を通過する光の光量は減少するため，撮影像は暗くなる．このように，弾性変形限度内におい

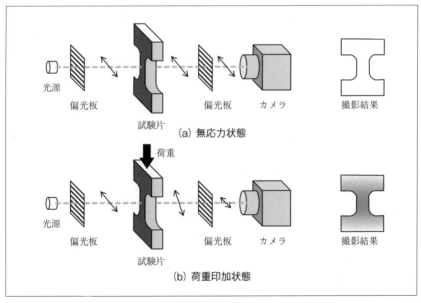

〔図6.1〕平面偏光器における光弾性法による応力撮影の原理

て，主応力差 $(\sigma_1 - \sigma_2)$ と複屈折によって生じた偏光方向の回転角に相当する位相差 δ の関係は次式で表される．

$$\delta = \frac{2\pi t C}{\lambda}(\sigma_1 - \sigma_2) \cdots\cdots\cdots\cdots\cdots\cdots\cdots\cdots\cdots\cdots\cdots\cdots\cdots\cdots \quad (6.1)$$

ここで，t は光が透過する材料の厚さ，λ は光の波長，C は材料固有のブリュースター定数である．すなわち，なんらかの方法で検出される偏光の位相差は，主応力差に比例することがわかる．この原理は，偏光光源と検光子として用いる偏光板があれば，容易に観察できる．図 6.2 は，偏光光源にスマートフォンの画面（白色の画像を表示），偏光板には市販の偏光サングラスを用いて，CD-ROM のケース（ポリカーボネート製）に作用している応力状態を可視化した例である．射出成型によって高圧・高速で成型されるポリカーボネートは，特に流速の変化する異形部分，すなわち角部や段差等で応力状態が発生し，冷却にともなって応力状態は固定されたままになるその結果，形状が複雑なノッチ部分などに，多くの縞模様が密に確認できる．

〔図 6.2〕光弾性法により観察できる CD ケースの応力分布

6.3 システム構成

①撮影システム

　平面応力状態にある物体に作用している二次元平面内での応力分布において，主応力差と主応力方向を測定する．一般的な平面偏光器においては，偏光板と検光子を回転させ，異なる偏光方向での撮影を複数回行うことで，最大主応力方向と最小主応力方向に分かれた二つの偏光の位相差の情報を得なければならない．すなわち，動的な応力変動を測定することは難しく，多くは静的な構造物などに作用する応力分布の実験的解析に用いられている．

　これに対して，フォトニック結晶によって，隣接する4画素に45°ずつの異なる方位となる直線偏光板を撮像素子上に構成し，高速度カメラに実装した装置が市販化[6]されている．さらに，半円偏光器における撮像結果を位相シフト法に基づくアルゴリズムよって，主応力差と主応力方向を演算，解析し画像化するソフトウェアも開発されている．本実験においては，この撮像システムを構成して，切削加工における動的な応力分布の変動を測定している．光源として非常に廉価（数百円）ながら十数 ms のパルス発光を実現できる波長 525nm の高輝度緑色 LED（定格入力 3W，全光束 130lm），もしくは高輝度かつ短パルス発光が可能なレーザ光源（Q スイッチ Nd:YVO4 レーザ，パルス発光時間 15nsec，時間的安定性 3%（σ））を用いる．LED 光源はコヒーレント性が低いが，光量が不足する．そのため，振動の再現性が充分に高いことを前提として，多重露光によって撮影しなければならない．一方，レーザ光源は高いコヒーレント性のために，スペックルノイズの多い撮影となるが，15ns のワンショットで撮像に必要な光量が得られるために，一瞬の現象を捉えることができる．被削材には，透明メタクリル樹脂を用いる．ここでは，押し出し材に比べて等方で均一な機械的・光学的特性を有するキャスト材を用いることで，材料固有の複屈折性の分布を可能な限り排除した．

②超音波切削装置

　光弾性実験から得られた応力分布から切削力ベクトルや切削現象の理論との比較検討を簡便に行うため，二次元切削撮影装置を製作した（図

6.3). 加工点を撮影エリアに保持し，観察するために，偏光カメラと超音波切削ユニットは固定とし，ワークを水平方向に送り運動させる．ここでは，主分力方向と切削方向が同じ主分力振動切削とする．振動切削ユニット（図6.4）はホーンの先端に取り付けられた超硬インサートをボルト締めランジュバン型振動子（仕様駆動周波数27.8kHz）で励振する構造となっており，ホーンの縦振動モードにおいて共振周波数27.8kHzとなるように設計，製作した．振動解析においては，ホーンに比べてインサートの質量および体積（125mm³ 以下）が十分に小さく，かつホーンの形状を線対称とすることで切削加工に影響を与える予期しない振動モードは生じないと判断して，モード解析のみで振動部長さを設計した．1波長ホーンの2カ所の節部を，弾性ヒンジを介して固定部に懸架する

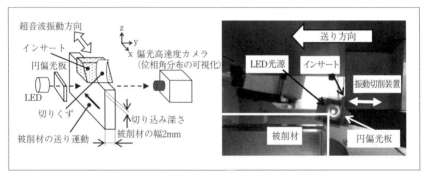

〔図6.3〕装置構成

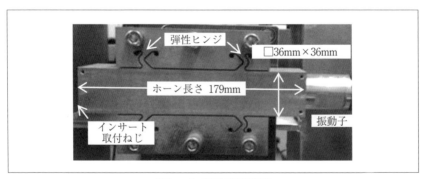

〔図6.4〕振動切削装置

ことで，超音波振動を阻害せず，切削力に対する剛性を高めた．また，振動子へ印加する交番電圧の振幅によって，インサートの振動振幅を調整した．振動振幅は，レーザードップラ振動計で測定し，無負荷時のホーンの長手方向振幅は 7.5μm であること，長手方向以外の振動は 5% 以下であることを確認した．さらに，加工中であっても振動振幅は変化しないことを確認した．

6.4 二次元切削時の応力分布について

図6.5に2次元切削モデル図を示す. ここで, すくい角：α, せん断角：ϕ, せん断面：線分 AB とする. マクロ的にみれば, 被削材は厚さ方向に均一な集中荷重として, インサートの刃先から合力 R のみを受けている. 被削材を半無限の弾性体とし物体力を無視すれば, 単純円形応力分布となることが Flamant によって示されている[7),8)]. この場合, 半径方向応力 σ_r, 接線方向応力 σ_θ およびせん断応力 $\tau_{r\theta}$ のそれぞれの応力成分は,

$$\left.\begin{array}{l} \sigma_r = -\dfrac{2R\cos\theta}{\pi rt} \\[2mm] \sigma_\theta = \tau_{r\theta} = 0 \end{array}\right\} \quad \cdots\cdots\cdots\cdots\cdots\cdots\cdots\cdots\cdots\cdots \quad (6.2)$$

となる. r および θ は刃先先端を原点とした極座標で, r 軸は切削力方向である. t は切削幅である. これより, 加工中の被削材内部の応力分布は単軸応力状態となる. すなわち, ブリュースターの法則を記述した式 (6.1) における左辺に見られていた主応力差 $\sigma_1 - \sigma_2$ は, 主応力値 σ_r と読みかえられる. 図6.6に慣用切削で観察された応力分布を示す. 慣用加工, すなわち超音波振動させない切削であるので, 一定の送り速度＝一定の切削速度となり, 時間的な変動のない準静的な応力分布となる.

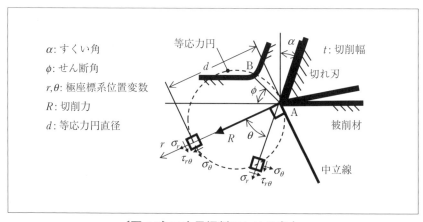

〔図6.5〕二次元切削における応力

刃先先端から前方に円弧状の光弾性縞が広がっており，同じ色は同じ主応力値を意味している（等応力縞）．また，応力が０となる中立線を境に，すくい面前方の円形応力分布は圧縮応力，逃げ面後方は引張応力が作用している．刃先先端付近では密な縞模様が観察されることから，応力値が高いことがわかる．

　次に，得られた位相差の値付け方法について説明する．被削材に作用する主応力と撮影される位相差には，式（6.1）の線形関係があり，比例定数は被削材の物理定数である．本実験では被削材となるメタクリル樹脂と同じ厚さの試験片（図6.7（a））に対して単軸圧縮試験を行い，式（6.1）における比例定数 $2\pi tC / \lambda$ を求めた[9]．作用応力の増加にともなう位相差の変化は，特殊偏光カメラで撮影されたのち，ソフトウェアによって０（青）→ $\pi/2$（赤）→ π（青）→ $3\pi/2$（赤）・・・と連続的な色相変化として表現される．ただし，本書において，グレースケールで表現されているため，青色や赤色ともに黒で表現されている．理論応力は荷重を試験片のくびれ部の断面積（1mm×2mm）で除した公称応力とした．一例として，図（b）では，試験片に12MPaの圧縮応力が作用しており，くびれ部で位相差 $\pi/2$（赤）が確認できる．さらに応力を増やしていくと，縞次数は増えていき図（c）では，それぞれ60MPaと120MPaが作

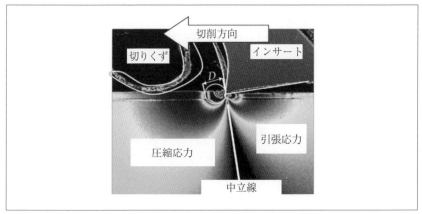

〔図6.6〕慣用切削における応力分布の撮影

用しているときの位相差分布である．すなわち，縞次数をカウントすることで，特定の点における応力を求めることができる．単軸圧縮試験から得られた位相差と理論応力の関係を図6.8に示す．一次の縞次数での圧縮応力 0 ～ 10MPa 程度の範囲では，応力と位相差間の線形性は強い

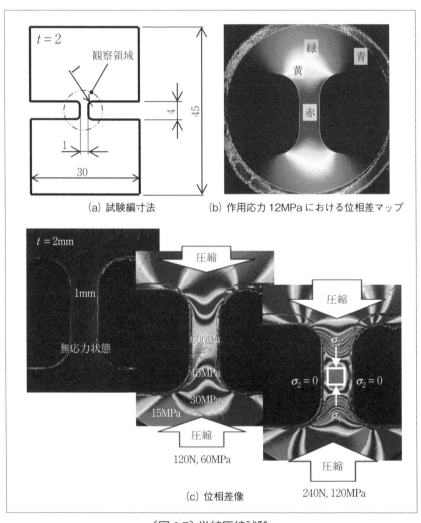

(a) 試験編寸法　　　(b) 作用応力 12MPa における位相差マップ

(c) 位相差像

〔図 6.7〕単純圧縮試験

ことが確認された. また, 応力は0MPa (青) → 12MPa (赤) → 27MPa (青) → と値付けされる. たとえば, 図6.6においては, 応力がゼロとなる中立線から数えて1つめの青い縞 (直径D) の応力値は27MPaに相当する.

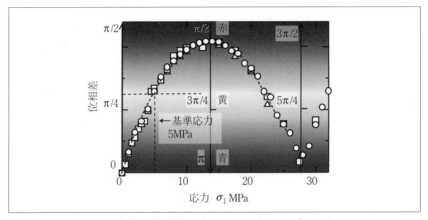

〔図6.8〕単純圧縮試験による応力のキャリブレーション

6.5 応力分布変動からみた超音波切削加工の現象

6.5.1 振動に同期したストロボ撮影方法

　光弾性法は光の複屈折現象に基づいており，応力変動に対する応答速度は超音波帯域よりも充分に高い．本研究で用いている偏光カメラは，高速度カメラと同様の高速度撮影が可能なものである．しかし，超音波帯域で変動する位相差マップを高速撮影するには，フレームレートと画素数が不足する．さらに短いシャッタ開放時間に対して撮像に要する充分な光量が光源に要求される．たとえば，周波数 20kHz の振動状態を観察するには，最低でもその 10 倍となる毎秒 200,000 フレームの高いフレームレートと，シャッター開放時間 1/200,000 秒以下の短時間でも十分なコントラストで露光できる撮影感度もしくは光源の光量，および数 μm の微振動を撮影する高倍率な光学系と画素数が必要となり，これらの要求を同時に満足するシステムで切削加工を撮影するのは非常に困難である．本研究では，超音波振動援用切削時に変動する応力分布を撮影するために，ストロボ撮影を行う．その撮影方法を図 6.9 に示す．周期的に変動している応力分布に同期して，その周期よりも十分に短時間でストロボ光を照射することで，周期的変動を静止しているように見せる撮影方法である．また，ストロボ光の照射タイミングをずらすことで，任意の位相における応力分布を撮影できる．一例として，回転するスピンドル，車両のタイヤやヘリコプターのローターを，フレームレートの低いスマートフォンのカメラで撮影すると，回転体が静止したり，ゆっくりと正転，逆転して見える現象である．本研究では，パルス発光時間は 3μs とした．そのため，超音波振動の周期 35.7μs に対して，振動 1 周期を約 1/12 に分割して撮影できる．また，シャッタ速度は 1/300s とした．短時間で発光する LED 光源では光量が少ないが，シャッタ開放中に 20 回の発光を超音波振動に対して同じタイミング発光させて 1 フレームの撮影を行うことで総光量として積算させることができる．すなわち，超音波振動に起因する切削現象に再現性があれば，振動周期中の一定位相における静止画像の重ね合わせとして，仮想的に静止画像が得られた[9]．

ストロボ撮影のための LED の点滅動作は，パワー MOS-FET によるスイッチングで点灯制御を行った．抵抗によって駆動電流を LED の定格電流値 700mA に制限した．実験に先立ち，LED の駆動電圧の立ち上がり時間および点滅の変化時間は，超音波振動の周期に比べて十分に短いことを確認した．

６．５．２　応力分布の時間的変動

　図 6.10 は同期パルス発光を用いて撮影した超音波振動援用切削中の応力分布である．超音波振動の瞬間最大振動速度は 79m/min となる．切削幅（被削材板厚さ）は 2mm で，切り込み深さは 70μm とした．超音波振動の効果を明らかにするため，工具送り速度（慣用加工における切削速度に相当）は超音波振動速度よりも十分に遅く設定した．すなわち，超音波振動援用によって，超音波振動するインサートの刃先が被削材と接触・非接触を繰り返す断続切削状態となる．理論的には刃先が被削材の未切

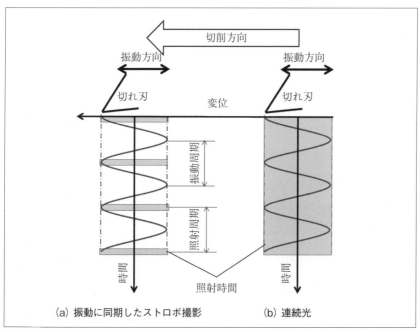

(a) 振動に同期したストロボ撮影　　　　(b) 連続光

〔図 6.9〕光源の発光タイミング

削領域から離脱する期間がある断続切削条件である．(a) は，刃先が最前進位置で応力分布が最大に広がった撮影フレームである．最大応力のフレームでは，前節での慣用切削で得られたような，切れ刃前方への圧縮応力と後方への引張応力の分布が見られる．すなわち，この状態では切れ刃が切りくずを創成している期間である．一方，(b) は，刃先が最後退位置で応力分布が最小になった撮影フレームを示している．この期間では，インサートのすくい面が既加工面と擦過することによって生じる応力が刃先の後方に見られるが，刃先前方への切削力は消失しており，切れ刃は未切削領域から離脱できていることがわかる．すなわち，本撮影システムによって，断続切削時における切削力の変動を観察できる．

　インサートのすくい角 0，30°において，切削速度による切削力の変化を応力分布から算出した．加工条件は表 6.1 に示す．超音波振動の瞬間最大速度は，$v_{max} = 2\pi f \alpha_0$ = 79,130mm/min= 79m/min となり，被削材の送り速度とくらべると 79 ～ 790 倍もある（ただし，振動速度は，－ 79m/min ～ 0 ～ +79m/min の間を超音波の周波数で交番変化していることに注意）．超音波振動援用加工で変動する切削力は，図 6.11 に最大値と最小値間の範囲を矢印で示した．これより，すくい角にかかわらず，超音波振動による切削力の低下が確認された．また，切削速度が速くな

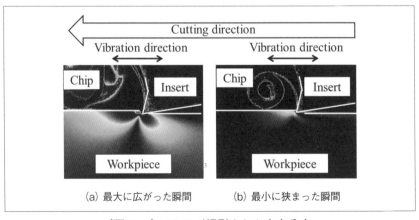

(a) 最大に広がった瞬間　　　　(b) 最小に狭まった瞬間

〔図 6.10〕ストロボ撮影された応力分布

るに従って超音波振動援用時の最大切削力と慣用切削時の切削力の差が小さくなる一方で，最小切削力は切削速度に関わらずゼロであり，この切削速度域では断続切削状態であることが確認できる．

　超音波切削加工においては，超音波振動する切れ刃と，一定速度で移動する被削材の相対運動によって，切削状態が断続的になるか，連続的になるかが理論的に算出できることは，第2章を参考にしていただきたい．切れ刃が送り方向に周波数f=28kHz，振幅a_0=7.5μmで超音波振動しているとき，振動の瞬間最大速度は往復運動の中間位置にてv_{max}=79m/minとなる．簡略的な考え方をすれば，被削材が切れ刃に近寄ってくる送り速度と，切れ刃が未切削領域から逃げる瞬間最大速度が同じになると，両者は接触し続けることになる．次に，切削加工における生産性に直結する送り速度や切り込み深さが応力変動に与える影響につ

〔表6.1〕切削条件

被削材	Methacrylic resin
切削幅（被削材厚さ）	2mm
切り込み深さ	70μm
切削速度	100, 500, 1000 mm/min
すくい角	0, 30 deg
逃げ角	7 deg
振動周波数 f	28 kHz
振動振幅 a_0	7.5μm

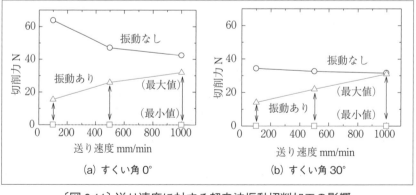

(a) すくい角0°　　　(b) すくい角30°

〔図6.11〕送り速度に対する超音波振動切削加工の影響

いて考える.

　図 6.12 (a) にレーザードップラ振動計で測定した加工点近傍部の工具の振動速度変動と参照画素数の変動を示す. 応力分布から切削力を算出

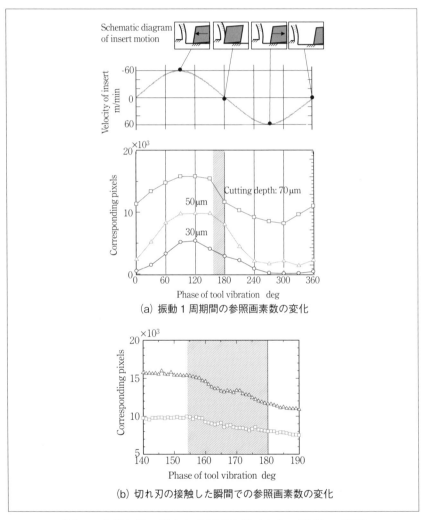

(a) 振動 1 周期間の参照画素数の変化

(b) 切れ刃の接触した瞬間での参照画素数の変化

〔図 6.12〕切れ刃の動きと参照画素数（応力に相当）の関係
a_0=6μm, F=1.0m/min

することはできるが，切れ刃が加工点から離れると応力は消失するため，算出することが難しくなる．そこで，ある特定の偏光位相角以上の画素数の数を参照画素数として，応力の広がりを評価した．切込量は，30，50 および 70μm である．切れ刃の振動速度の実測値に基づいて，切れ刃の最後退位置を位相 0°，最前進位置を 180° とした．また，切れ刃位置についても，イラストを図中に示している．切れ刃は最後退位置である速度ゼロから切りくずにアプローチしていき，参照画素数は振動速度に対して位相遅れを示しながら，増加し続ける．速度が最大となる振動中立位置に達した後，45°程度の位相遅れで参照画素数は最大値に達した．すなわち，被削材内部応力は振動速度変動に同期して変動していることがわかった．また，切れ刃の後退にともなって，参照画素数は減少するが，切り込み深さ 70μm では参照画素数は消失することなく，最後退位置に達する前に再び増加し始める．一方，切り込み深さ 30 および50μm では，位相 240°以降では，参照画素数がほぼ消失した状態を位相330°まで維持している．逃げ面と切削面との擦過によるものと思われる引張応力も参照画素にカウントされているため，参照画素数はゼロにはならないが，刃先と切りくずは離れている期間が存在すると考えられる．すなわち，臨界送り速度以下であっても，切り込み深さが大きくなると，断続切削状態から連続切削状態に移行すると考えられる．

　切れ刃の超音波振動と被削材の送り運動の相対運動を考える．断続切削において切れ刃と被削材が接触した瞬間は，切れ刃は振動による速度を有して被削材に衝突するため，切れ刃と被削材が接触した衝撃力による突発的な応力変動が発生すると考えられる．本実験においては，相対運動から導出される切れ刃と被削材の接触時間は 2.6μs[10] となる．超音波振動の 1 周期は 36.2μs なので，接触期間を超音波振動の位相角で表すと 26° となる．図中に理論的な接触期間 26°をハッチングして示した．さらに，図 6.12 (b) は，サンプリング周期を 0.1μs，すなわち超音波振動の 1 周期あたり約 360 点として測定した結果であるが，弾性波の伝播現象などの突発的な変動は確認できなかった．すなわち，切れ刃と被削材の相対的な変位のみで述べられる断続切削の理論では，加工現象を説

明できないことがわかった．

　図 6.13（a）では送り速度に対する超音波振動速度の割合が大きくなる条件として，送り速度を 1.0m/min から 0.5m/min にした．その結果，すべての切り込み深さにおいて，参照画素数の変動曲線が下方へシフトしている．具体的には，切り込み深さ 30μm では，送り速度 1.0m/min（図 6.12（a））においては，位相角 270°から 360°の期間で参照応力値を超える画素が消滅しているのに対し，送り速度 0.5m/min においては，消滅期間は振動周期の半分以上を占めるようになる．工具とワークの接触時間が相対的に短くなり，消滅期間が増加したと考えられる．一方，図（b）

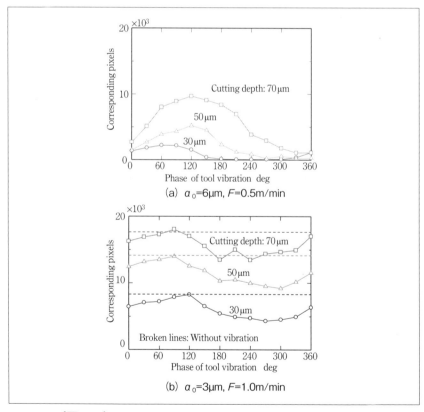

〔図 6.13〕Effect of cutting parameters on stress distribution

では振動振幅を 6μm から 3μm に小さくした．また，図中の破線は，振動を停止した場合の参照画素数であり，言い換えると振動振幅が 0μm の結果である．これより，超音波振動切削中に変動する参照画素数の最大値は，振動がない場合の画素数とほぼ一致している．すなわち，超音波振動は，超音波振動一周期間に渡って応力を低下させるのではなく，ある特定期間，すなわち切れ刃と被削材の離脱期間での応力を低下させることがわかる．そして，切り込み深さは，応力が低下する期間にはほとんど影響がないことがわかった．

6.6 まとめ

超音波帯域で変動する応力分布を可視化する手法を提案し，その可能性を見いだした．従来の時間平均的な切削力による検証から，より動的な応力変動での超音波振動の効果を見いだし，その切削機構を明らかにするツールになると考えている．今後は，より時間分解能を短くして，切れ刃が接触した瞬間の状態撮影や，ガラス加工時の応力分布撮影などに展開する予定である．

参考文献

1) 山崎隆夫，土屋和博，佐藤運海：Ti-6%Ai-4V 合金の超音波振動切削，軽金属，57，4 (2007) 154.

2) 原圭祐：高品位・高能率加工を目指した超音波高速切削技術，超音波 TECHNO，24，6 (2012) 53.

3) 三浦拓也，呉勇波，野村光由，藤井達也：単結晶サファイアのスパイラル超音波援用研削，2016 年度精密工学会秋季大会学術講演会講演論文集，(2016) 121-122.

4) 梅崎栄作他：フォトメカニクス－工学的手法による応力・ひずみならびに変形の解析－，山海堂.

5) 梅沢栄作：光弾性法による応力分布測定技術の現状と展望，精密工学誌，79，7 (2013) 607.

6) 大沼隼志，大谷幸利：サブミリ秒の時間分解能をもつ動的2次元複屈折計測装置の開発，精密工学会誌，78，12 (2012) 1082.

7) 隈部晃，山本耕之，関谷克彦，北川亮三：光弾性皮膜法によるアルミニウム被削材端面近傍のひずみ挙動解析，日本機械学会論文集 (C編)，61，584 (1995) 1705.

8) 隈部晃，山本耕之，関谷克彦，北川亮三：光弾性法による有円孔アルミニウム材の切削ひずみ挙動解析，日本機械学会論文集 (C編)，61，592 (1995) 4795.

9) 磯部浩巳，山口千尋：超音波振動援用切削における被削材内部の応力分布変動の可視化，精密工学会誌，81，5 (2015) 441.

10) Hiromi ISOBE and Keisuke Hara : Visualization of Fluctuations in Internal Stress Distribution of Workpiece During Ultrasonic Vibration-assisted Cutting, Precision Engineering, 48 (2017) 331-337.

■ 著者紹介 ■

磯部 浩巳 (いそべ ひろみ) (**工学博士**)

1995 年　長岡技術科学大学大学院　工学研究科　修士課程　創造設計工学専攻修了
同年　　長岡技術科学大学　助手
2002 年　長岡技術科学大学　工学研究科　情報・制御工学専攻　工学博士
2006 年　長野工業高等専門学校　准教授
2008 年　長岡技術科学大学　准教授
精密微動，移動機構や超音波振動を利用した加工技術の研究開発に従事

原 圭祐 (はら けいすけ) **博士 (工学)**

2004 年　長岡技術科学大学大学院　工学研究科　修士課程　創造設計工学専攻修了
2007 年　長岡技術科学大学大学院　工学研究科　博士課程　情報・制御工学専攻
　　　　修了
2008 年　一関工業高等専門学校　助教
2015 年　同　准教授
超音波振動を利用した加工技術・デバイス・利用技術の研究開発に従事

●ISBN 978-4-904774-50-2

東北大学　一ノ倉 理
秋田大学　田島 克文　著
東北大学　中村 健二
秋田大学　吉田 征弘

設計技術シリーズ

磁気回路法による モータの解析技術

本体 4,200 円＋税

発行／科学情報出版（株）

●ISBN 978-4-904774-53-3　　長崎大学　樋口　剛　　㈱安川電機　宮本 恭祐
　　　　　　　　　　　　　　　　　　阿部 貴志　　　　　　　　大戸 基道　著
　　　　　　　　　　　　　　　　　　横井 裕一

設計技術シリーズ
交流モータの原理と設計法
—永久磁石モータから定数可変モータまで—

本体 3,700 円＋税

発行／科学情報出版（株）

●ISBN 978-4-904774-42-7

東京都市大学　西山 敏樹
（株）イクス　遠藤 研二　著
㈲エーエムクリエーション　松田 篤志

設計技術シリーズ

インホイールモータ原理と設計法

本体 4,600 円＋税

発行／科学情報出版（株）

●ISBN 978-4-904774-10-6

近畿大学　小坂　学　著

設計技術シリーズ

mbedマイコンによるモータ制御設計法

モータ制御
設計法

本体 3,200 円＋税

発行／科学情報出版（株）

設計技術シリーズ

超音波振動加工技術
～装置設計の基礎から応用～

2017年7月28日　初版発行

著　者　　磯部　浩巳／原　圭祐　　　　　　　　　　　©2017

発行者　　松塚　晃医

発行所　　科学情報出版株式会社
　　　　　〒300-2622　茨城県つくば市要443-14 研究学園
　　　　　電話　029-877-0022
　　　　　http://www.it-book.co.jp/

ISBN 978-4-904774-58-8　C2053
※転写・転載・電子化は厳禁